T0209001

Mathematik Kompakt

Birkhäuser

Mathematik Kompakt

Herausgegeben von:
Martin Brokate
Karl-Heinz Hoffmann
Götz Kersting
Kristina Reiss
Otmar Scherzer
Gernot Stroth
Emo Welzl

Die neu konzipierte Lehrbuchreihe *Mathematik Kompakt* ist eine Reaktion auf die Umstellung der Diplomstudiengänge in Mathematik zu Bachelor und Masterabschlüssen. Ähnlich wie die neuen Studiengänge selbst ist die Reihe modular aufgebaut und als Unterstützung der Dozierenden sowie als Material zum Selbststudium für Studierende gedacht. Der Umfang eines Bandes orientiert sich an der möglichen Stofffülle einer Vorlesung von zwei Semesterwochenstunden. Der Inhalt greift neue Entwicklungen des Faches auf und bezieht auch die Möglichkeiten der neuen Medien mit ein. Viele anwendungsrelevante Beispiele geben den Benutzern Übungsmöglichkeiten. Zusätzlich betont die Reihe Bezüge der Einzeldisziplinen untereinander.

Mit *Mathematik Kompakt* entsteht eine Reihe, die die neuen Studienstrukturen berücksichtigt und für Dozierende und Studierende ein breites Spektrum an Wahlmöglichkeiten bereitstellt.

Oswin Aichholzer · Bert Jüttler

Einführung in die angewandte Geometrie

Birkhäuser

Oswin Aichholzer
Institut für Softwaretechnologie
Technische Universität Graz
Graz, Österreich

Bert Jüttler
Institut für Angewandte Geometrie
Johannes Kepler Universität
Linz, Österreich

ISBN 978-3-0346-0143-6 ISBN 978-3-0346-0651-6 (eBook)
DOI 10.1007/978-3-0346-0651-6
Springer Basel Dordrecht Heidelberg London New York

Die Deutsche Nationalbibliothek verzeichnet diese Publikation in der Deutschen Nationalbibliografie; detaillierte bibliografische Daten sind im Internet über http://dnb.d-nb.de abrufbar.

Mathematics Subject Classification (2010): 51-01, 51Nxx, 65D17, 65D18, 68U05, 68U07

Einbandentwurf: deblik, Berlin

Gedruckt auf säurefreiem und chlorfrei gebleichtem Papier

Springer Basel ist Teil der Fachverlagsgruppe Springer Science+Business Media
www.springer.com

Einleitung

Geometrie ist aus elementaren Bedürfnissen der Menschen entstanden und beschäftigte sich ursprünglich mit Fragen wie beispielsweise der Längen-, Winkel- und Inhaltsmessung. Euklids[1] Werk „Die Elemente“ formulierte ein Axiomensystem für die elementare Geometrie und leitete aus diesem alle weiteren Resultate ab. Dieses Werk erlangte enormen Einfluss und wurde lange Zeit als Geometrie-Lehrbuch eingesetzt. Einige offene Fragen, wie etwa die nach der Unabhängigkeit des Parallelenaxioms, konnten erst im 19. Jahrhundert durch die Entdeckung der nichteuklidischen Geometrie einer endgültigen Klärung zugeführt werden.

Die Verwendung von Koordinaten zur Beschreibung und Lösung geometrischer Probleme geht auf Descartes[2] zurück, der damit die Methode der analytischen Geometrie begründete. Bis dahin wurde in der Geometrie ausschließlich synthetisch gearbeitet, indem aus bekannten Eigenschaften neue erschlossen wurden.

Um 1800 begann in Paris an der École Polytechnique, die im Zuge der Französischen Revolution gegründet worden war, die Entwicklung der darstellenden Geometrie (u.a. durch Monge[3]) und der projektiven Geometrie (u.a. durch Poncelet[4]). In der Folge entwickelte sich die darstellende Geometrie zu einem wesentlichen Handwerkszeug in den technischen Wissenschaften wie Maschinenbau und Bauingenieurwesen, deren Bedeutung erst in den letzten Jahrzehnten durch die Einführung von CAD-Systemen abgenommen hat.

Im 19. Jahrhundert wurde die Geometrie in verschiedenste Richtungen weiterentwickelt. Unter anderem sind hier die algebraische Geometrie, die Differentialgeometrie (diese entstand als „Anwendung der Differential- und Integralrechnung auf die Geometrie“), aber

---

[1] Der griechische Mathematiker Euklid von Alexandria (um 300 v. Chr.) trug in seinem berühmtesten Werk „Die Elemente“ das Wissen der damaligen griechischen Mathematik zusammen und begründete dabei die axiomatische Methode.

[2] Der französische Mathematiker und Philosoph René Descartes (1596–1650) war einer der ersten Mathematiker, der Algebra und Geometrie miteinander verknüpfte.

[3] Gaspard Monge (1746–1818) war ein französischer Mathematiker und Physiker und hatte seit 1794 die Professur für Mathematik an der École Polytechnique inne.

[4] Jean-Victor Poncelet (1788–1867) studierte bei Monge und geriet als Leutnant während Napoleons Russlandfeldzug in Kriegsgefangenschaft. Während dieser Zeit erarbeitete er die Grundlagen der projektiven Geometrie.

auch die Grundlagen der Geometrie (Hilbert[5]) zu nennen. Von grundlegender Bedeutung war auch das „Erlanger Programm“ von F. Klein[6], nach dem Geometrie als Invariantentheorie einer Transformationsgruppe betrachtet wird.

Besonders im vergangenen Jahrhundert hat sich die Entwicklung der Geometrie durch stärkere Verallgemeinerung und Abstraktion zunehmend von den Ursprüngen entfernt. Einerseits haben geometrische Methoden und Denkweisen Einzug in zahlreiche andere Gebiete gehalten, die von der mathematischen Physik bis in die Regelungstheorie reichen. Andererseits werden in vielen Lehrbüchern über algebraische Geometrie oder Differentialgeometrie kaum noch Kurven oder Flächen im dreidimensionalen Raum behandelt, und die Abbildungen – soweit überhaupt vorhanden – genügen gelegentlich nicht den (seit der Renaissance bekannten) grundlegenden Gesetzen der Perspektive. In gewisser Weise ist die Geometrie somit ein Opfer ihres eigenen Erfolges geworden!

Durch neue technische Möglichkeiten der Visualisierung (Computergrafik) und des computergestützten Konstruierens (Computer Aided Design/CAD) ist seit den 1950er Jahren ein wiederentstandenes Interesse an konkreten geometrischen Fragestellungen im Zusammenhang mit Objekten des Anschauungsraumes zu beobachten. Dabei entstanden mehrere Arbeitsfelder, die häufig durch enge Interaktion verschiedener Wissenschaftsdisziplinen gekennzeichnet sind. Beispielsweise werden im Computer Aided Geometric Design die mathematisch-geometrischen Grundlagen für das computergestützte Konstruieren untersucht, wobei Ergebnisse aus der Approximationstheorie eine wesentliche Rolle spielen. Dagegen beschäftigt sich die algorithmische Geometrie (Computational Geometry) mit Fragen des Entwurfs und der Implementierung effizienter geometrischer Algorithmen, mit denen auch umfangreiche geometrische Datenmengen bearbeitet werden können. Damit im Zusammenhang steht auch die kombinatorische (diskrete) Geometrie, deren Extremalfragen in der Analyse von Algorithmen und Datenstrukturen, aber auch in zahlreichen anderen Gebieten, beispielsweise der Zahlentheorie, bedeutende Fortschritte bewirkt haben; siehe dazu z. B. die umfangreichen Veröffentlichungen von Erdős[7]. Weitere Gebiete, die hier noch genannt werden sollen, sind Computer Vision (Maschinelles Sehen), Robotik und Computergrafik.

Die Intention dieses Buches ist es, eine Einführung in verschiedene Aspekte der Geometrie zu geben und dabei gleichzeitig die Grundlagen für ausgewählte Anwendungen zu

[5] David Hilbert (1862–1943) war einer der bedeutendsten und einflussreichsten Mathematiker am Anfang des 20. Jahrhunderts.

[6] Felix Klein (1849–1925) war ein deutscher Mathematiker. In einer Programmschrift, die er bei seiner Berufung an die Universität Erlangen im Jahre 1872 vorlegte, formulierte er das Erlanger Programm. Dieses Programm führte zu einer systematischen Klassifikation der verschiedenen Geometrien mit Hilfe der zugrunde liegenden Transformationsgruppen und den zugehörigen Invarianten geometrischer Objekte.

[7] Paul Erdős war einer der einflussreichsten Mathematiker des letzten Jahrhunderts. Mit zumindest 1525 Veröffentlichungen publizierte er mehr Arbeiten als jeder andere Wissenschaftler. Nach ihm ist auch die Erdős-Zahl benannt, die angibt, über wie viele gemeinsame Autorenschaften man von einer Publikation mit Erdős entfernt ist.

vermitteln. Der Aufbau des Buches orientiert sich am Erlanger Programm von F. Klein. Nach einem einführenden Kapitel über Koordinaten und geometrische Transformationen werden die euklidische, die affine und die projektive Geometrie jeweils zusammen mit relevanten Anwendungen (z. B. Voronoi-Diagrammen im Kapitel über euklidische Geometrie, Bézier-Kurven im Kapitel über affine Geometrie) vorgestellt. Zum Abschluss wird dargestellt, wie die verschiedenen Geometrien im Rahmen der projektiven Geometrie einer einheitlichen Behandlung zugeführt werden können. Dies zeigt gleichzeitig den Weg zu den verschiedenen nichteuklidischen Geometrien auf, die im Rahmen dieses Buches allerdings nur sehr kurz angesprochen werden können.

Es werden im Wesentlichen nur Vorkenntnisse aus der linearen Algebra, der elementaren Geometrie und der analytischen Geometrie vorausgesetzt. Auf die Verwendung der axiomatischen Methode wurde bewusst verzichtet, um eine möglichst enge Anbindung an die dem Leser bereits vertrauten Methoden und Begriffe der linearen Algebra zu gewährleisten.

Inhaltsverzeichnis

Koordinaten und Transformationen

1

In diesem Kapitel führen wir verschiedene Arten von Koordinaten ein, die wir zur Beschreibung geometrischer Objekte verwenden werden. Wir leiten erste geometrische und kombinatorische Resultate über Konfigurationen von Punkten und Geraden in der Ebene her. Abschließend stellen wir die geometrischen Transformationsgruppen vor, die der euklidischen, der affinen und der projektiven Geometrie zugrunde liegen.

1.1 Kartesische und homogene Koordinaten

Wir betrachten geometrische Objekte im d-dimensionalen Raum E^d, in dem wir ein kartesisches Koordinatensystem gewählt haben. Die Punkte dieses Raumes werden durch ihre kartesischen Koordinaten repräsentiert, die wir durch Spaltenvektoren $\mathbf{p} = (p_1, \ldots, p_d)^T$ beschreiben und mit diesen identifizieren. Insbesondere betrachten wir den Fall der Ebene und des dreidimensionalen Raumes, die wir für $d = 2$ und $d = 3$ erhalten.

Die Menge aller Punkte $\mathbf{p} = (p_1, \ldots, p_d)^T$, die einer linearen Gleichung

$$\tilde{G}_0 + \sum_{i=1}^{d} \tilde{G}_i p_i = 0 \tag{1.1}$$

mit beliebigen festen Koeffizienten $\tilde{\mathbf{G}} = (\tilde{G}_0, \ldots, \tilde{G}_d)$ genügen, bildet eine *Hyperebene*. Diese wird speziell für $d = 2$ als Gerade und für $d = 3$ als Ebene bezeichnet. Dabei wird vorausgesetzt, dass nicht alle d Koeffizienten $\tilde{G}_1, \ldots, \tilde{G}_d$ (ohne die „nullte" Koordinate $\tilde{G}_0$), die den Normalenvektor der Hyperebene festlegen, gleichzeitig den Wert Null annehmen.

Offensichtlich ändert sich an dieser Hyperebene nichts, wenn die $d + 1$ Koeffizienten mit einem von Null verschiedenen Faktor multipliziert werden. Insbesondere kann man die Gleichung mit einem der beiden Faktoren

$$\pm \frac{1}{\sqrt{\tilde{G}_1^2 + \tilde{G}_2^2 + \ldots + \tilde{G}_d^2}} \tag{1.2}$$

O. Aichholzer, B. Jüttler, *Einführung in die angewandte Geometrie*, Mathematik Kompakt,
DOI 10.1007/978-3-0346-0651-6_1, © Springer Basel 2014

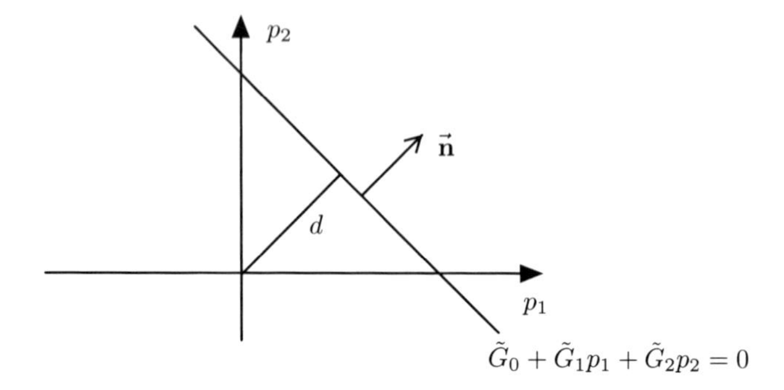

Abb. 1.1 Gleichung einer Geraden in der Ebene

multiplizieren. Dies führt die Gleichung der Hyperebene in eine der beiden *Hesseschen Normalformen*[1] (je eine für jede der beiden möglichen Richtungen des Normalenvektors) über, bei der die nullte Koordinate den negativen vorzeichenbehafteten Abstand d der Hyperebene zum Koordinatenursprung darstellt und der Normalenvektor $\vec{\mathbf{n}}$ die Länge 1 besitzt. Siehe Abb. 1.1 für den Fall einer Geradengleichung in der Ebene.

Definition

Der Zeilenvektor $\tilde{\mathbf{G}} = (\tilde{G}_0, \ldots, \tilde{G}_d)$ wird als **homogener Koordinatenvektor** der durch Gleichung (1.1) definierten **Hyperebene** bezeichnet. Die Menge der homogenen Koordinatenvektoren dieser Hyperebene besteht aus allen vom Nullvektor verschiedenen Zeilenvektoren, die von $\tilde{\mathbf{G}}$ linear abhängig sind.

Die Bezeichnung *homogen* weist darauf hin, dass die Koordinaten nur bis auf einen gemeinsamen (von Null verschiedenen) Faktor bestimmt sind. Mit $\mathbb{R}\tilde{\mathbf{G}}$ bezeichnen wir denjenigen eindimensionalen Unterraum des $\mathbb{R}^{d+1}$, der sämtliche homogene Koordinatenvektoren einer festen Hyperebene $\tilde{\mathbf{G}}$ enthält. Dabei wird der $\mathbb{R}^{d+1}$ als Vektorraum der Zeilenvektoren aufgefasst.

Bei der Beschreibung von Punkten erweist es sich ebenfalls als sinnvoll, homogene Koordinaten zu verwenden.

Definition

Der Spaltenvektor $\tilde{\mathbf{p}} = (\tilde{p}_0, \ldots, \tilde{p}_d)^T$ wird als **homogener Koordinatenvektor des Punktes** mit den kartesischen Koordinaten $\mathbf{p} = (p_1, \ldots, p_d)^T$ bezeichnet, falls $\tilde{p}_0 \neq 0$ und $p_i = \tilde{p}_i / \tilde{p}_0$ $(i = 1, \ldots, d)$ gilt. Die Menge der homogenen Koordinatenvektoren des Punktes $\mathbf{p}$ besteht aus allen vom Nullvektor verschiedenen Spaltenvektoren, die von $(1, p_1, \ldots, p_d)^T$ linear abhängig sind.

[1] Otto Hesse (1811–1874) war ein deutscher Mathematiker und Professor an der Polytechnischen Schule in München, aus der sich die TU München entwickelte.

Analog zu den Hyperebenen bezeichnen wir mit $\mathbb{R}\tilde{\mathbf{p}}$ denjenigen eindimensionalen Unterraum des $\mathbb{R}^{d+1}$, der sämtliche homogene Koordinatenvektoren eines festen Punktes $\tilde{\mathbf{p}}$ enthält. Dabei wird $\mathbb{R}^{d+1}$ nun als Vektorraum der Spaltenvektoren aufgefasst. Die Punkte des Raumes entsprechen denjenigen eindimensionalen Unterräumen, die nicht im d-dimensionalen Unterraum $\tilde{p}_0 = 0$ des $\mathbb{R}^{d+1}$ enthalten sind.

Mit Hilfe homogener Koordinaten lässt sich besonders kompakt beschreiben, wann ein Punkt in einer Hyperebene enthalten ist, d. h. mit dieser inzidiert:

Satz *Ein Punkt* **p** *inzidiert genau dann mit der durch die Gleichung* (1.1) *beschriebenen Hyperebene, falls die homogenen Koordinaten die Gleichung*

$$\tilde{\mathbf{G}}\tilde{\mathbf{p}} = \sum_{i=0}^{d} \tilde{G}_i \tilde{p}_i = 0 \tag{1.3}$$

erfüllen.

Beweis Wegen $\tilde{p}_0 \neq 0$ und $p_i = \tilde{p}_i / \tilde{p}_0$ sind die beiden Gleichungen (1.1) und (1.3) äquivalent zueinander. □

Ein Punkt $\tilde{\mathbf{p}}$ inzidiert also genau dann mit einer Hyperebene $\tilde{\mathbf{G}}$, falls die entsprechenden eindimensionalen Unterräume $\mathbb{R}\tilde{\mathbf{p}}$ und $\mathbb{R}\tilde{\mathbf{G}}$, die von den jeweiligen homogenen Koordinatenvektoren gebildet werden, orthogonal zueinander sind.

Abbildung 1.2 zeigt die eindimensionalen Unterräume $\mathbb{R}\tilde{\mathbf{p}}$ und $\mathbb{R}\tilde{\mathbf{q}}$ des $\mathbb{R}^3$, die durch die möglichen homogenen Koordinatenvektoren $\tilde{\mathbf{p}}$ und $\tilde{\mathbf{q}}$ zweier Punkte der euklidischen Ebene E^2 aufgespannt werden. Die kartesischen Koordinaten **p** und **q** dieser Punkte erhält man, indem man diese eindimensionalen Unterräume mit der Ebene $\tilde{x}_0 = 1$ schneidet und anschließend die nullte Koordinate streicht. Die euklidische Ebene lässt sich folglich mit der Ebene $\tilde{x}_0 = 1$ identifizieren.

Daneben zeigt die Abbildung den eindimensionalen Unterraum $\mathbb{R}\tilde{\mathbf{G}}$, der die Verbindungsgerade beider Punkte beschreibt. Dieser Unterraum ist sowohl zu $\mathbb{R}\tilde{\mathbf{p}}$ also auch zu $\mathbb{R}\tilde{\mathbf{q}}$ orthogonal.

Durch Einführung homogener Koordinaten für Punkte des d-dimensionalen Raumes E^d werden diese mit eindimensionalen Unterräumen des $\mathbb{R}^{d+1}$ identifiziert. Dabei treten jedoch nur solche eindimensionale Unterräume auf, die nicht im d-dimensionalen Unterraum mit der Gleichung $\tilde{p}_0 = 0$ enthalten sind. Wir führen nun eine Erweiterung des Raumes ein, die diese bisher ausgeschlossenen Unterräume einschließt:

Definition

Die Menge der eindimensionalen Unterräume des $\mathbb{R}^{d+1}$ wird als **projektiv abgeschlossener d-dimensionaler Raum** $\bar{E}^d$ bezeichnet. Ein eindimensionaler Unterraum $\mathbb{R}\tilde{\mathbf{p}}$ heißt **eigentlicher Punkt**, falls er nicht im d-dimensionalen Teilraum mit der Gleichung $\tilde{p}_0 = 0$ enthalten ist. Andernfalls heißt er **Fernpunkt**.

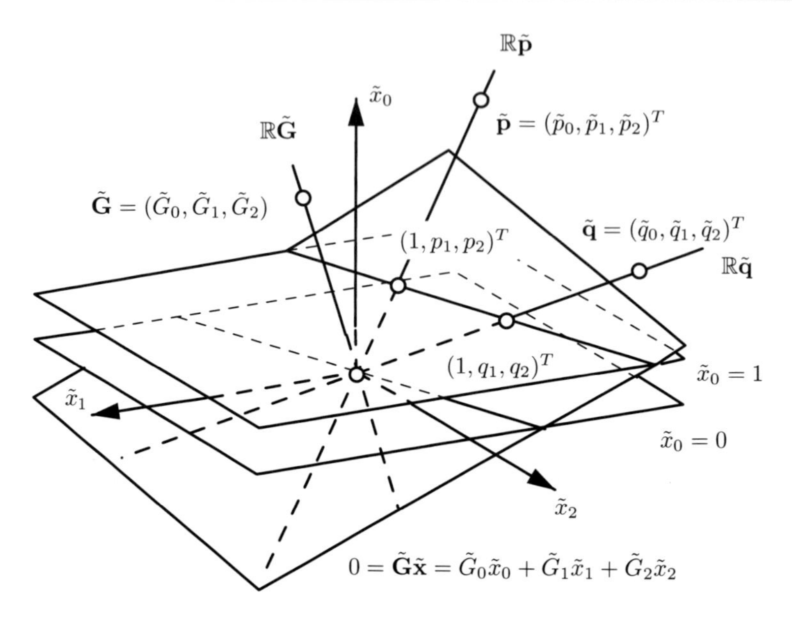

Abb. 1.2 Homogene Koordinatenvektoren für Punkte und Geraden in der Ebene ($d = 2$). Der Punkt $(p_1, p_2)^T$ wird mit dem durch $(1, p_1, p_2)^T$ aufgespannten eindimensionalen Unterraum des $\mathbb{R}^3$ identifiziert. Eine Gerade entspricht einem zweidimensionalen Unterraum, die durch einen dazu orthogonalen eindimensionalen Unterraum $\mathbb{R}\tilde{\mathbf{G}}$ beschrieben wird

Diese Definition des d-dimensionalen projektiven Raumes wird als *Geradenmodell* bezeichnet, da jeder Punkt mittels einer Gerade durch den Koordinatenursprung eines $d+1$-dimensionalen Raumes beschrieben wird.

Offensichtlich lassen sich nur eigentliche Punkte durch kartesische Koordinaten beschreiben, und jeder durch seine kartesischen Koordinaten gegebene Punkt entspricht auch einem eigentlichen Punkt.

Bisher haben wir Hyperebenen als Menge der mit ihnen inzidierenden eigentlichen Punkte aufgefasst. Die Erweiterung auf allgemeine Punkte (eigentliche Punkte oder Fernpunkte) bereitet keine Schwierigkeiten. Dazu betrachten wir eine beliebige feste Hyperebene $\tilde{\mathbf{G}}$ als Menge der mit ihr inzidierenden (eigentlichen oder Fern-) Punkte,

$$U(\tilde{\mathbf{G}}) = \{\tilde{\mathbf{p}} : \tilde{\mathbf{G}}\tilde{\mathbf{p}} = 0\}.$$

Die homogenen Koordinatenvektoren aller dieser Punkte bilden einen d-dimensionalen Unterraum.

Bisher haben wir nur solche Hyperebenen zugelassen, bei denen nicht alle Koordinaten $\tilde{G}_1, \ldots, \tilde{G}_d$ gleichzeitig verschwinden. Auch der bisher ausgeschlossene Koordinatenvektor mit $\tilde{G}_1 = \ldots = \tilde{G}_d = 0$ und $\tilde{G}_0 \neq 0$ definiert einen d-dimensionalen Unterraum $U(\tilde{\mathbf{G}})$. Dieser enthält gerade diejenigen eindimensionalen Unterräume des $\mathbb{R}^{d+1}$, welche Fernpunkte sind.

Definition
Die d-dimensionalen Unterräume des $\mathbb{R}^{d+1}$ heißen **Hyperebenen** ($d = 2$: Geraden, $d = 3$: Ebenen) des projektiv abgeschlossenen Raumes $\bar{E}^d$. Die Hyperebene mit der Gleichung $\tilde{p}_0 = 0$ heißt **Fernhyperebene** ($d = 2$: Ferngerade, $d = 3$: Fernebene). Ein Punkt $\tilde{\mathbf{p}}$ **inzidiert** genau dann mit einer Hyperebene, wenn der eindimensionale Unterraum $\mathbb{R}\tilde{\mathbf{p}}$ ein Teilraum der Hyperebene (also des d-dimensionalen Unterraums des $\mathbb{R}^{d+1}$) ist.

Der eindimensionale Unterraum $\mathbb{R}\tilde{\mathbf{G}}$, der von den homogenen Koordinaten einer Hyperebene gebildet wird, ist gerade das orthogonale Komplement des d-dimensionalen Unterraums $U(\tilde{\mathbf{G}})$ bezüglich des kanonischen inneren Produktes im $\mathbb{R}^{d+1}$. Insbesondere besitzt die Fernhyperebene die homogenen Koordinatenvektoren

$$\tilde{\mathbf{F}} = (\tilde{f}_0, 0, \dots, 0) \quad \text{mit } \tilde{f}_0 \neq 0. \tag{1.4}$$

Abbildung 1.2 zeigt zwei zweidimensionale Unterräume des $\mathbb{R}^3$, die Geraden der projektiv abgeschlossenen Ebene $\bar{E}^2$ repräsentieren. Zum einen bildet das orthogonale Komplement des eindimensionalen Unterraumes $\mathbb{R}\tilde{\mathbf{G}}$ mit der Gleichung $\tilde{\mathbf{G}}\tilde{\mathbf{x}} = 0$ die Verbindungsgerade der beiden Punkte $\tilde{\mathbf{p}}$ und $\tilde{\mathbf{q}}$. Zum anderen repräsentiert der zweidimensionale Unterraum $\tilde{x}_0 = 0$ die Ferngerade. Beide zweidimensionalen Unterräume schneiden sich in einem eindimensionalen Unterraum, der dem Fernpunkt der Verbindungsgeraden der Punkte $\tilde{\mathbf{p}}$ und $\tilde{\mathbf{q}}$ entspricht.

Aus der Definition der Hyperebenen als d-dimensionale Unterräume des $\mathbb{R}^{d+1}$ erhält man eine Charakterisierung von Punkten in Hyperebenen.

Folgerung *Eine Menge von $d+1$ Punkten $\tilde{\mathbf{p}}^0, \dots, \tilde{\mathbf{p}}^d$ ist genau dann in einer Hyperebene enthalten, wenn die homogenen Koordinatenvektoren linear abhängig sind, d. h., wenn die Gleichung*

$$\det(\tilde{\mathbf{p}}^0, \dots, \tilde{\mathbf{p}}^d) = 0 \tag{1.5}$$

erfüllt ist.

Im Weiteren werden wir das Gleichheitszeichen zwischen Vektoren von homogenen Koordinaten stets in dem Sinne verwenden, dass die Vektoren auf beiden Seiten einer Gleichung bis auf einen von Null verschiedenen Faktor übereinstimmen, also linear abhängig sind. Beispielsweise werden wir anstelle der die Fernebene definierenden Gleichung (1.4) die einfachere Schreibweise

$$\tilde{\mathbf{F}} = (1, 0, \dots, 0)$$

verwenden.

1.2 Schnitt und Verbindungsoperationen, Parallelität

Sei k eine ganze Zahl mit $0 < k \leq d+1$. Wir sagen, dass sich k Punkte bzw. Hyperebenen in *allgemeiner Lage* befinden, falls ihre homogenen Koordinatenvektoren linear unabhängig sind.

Satz *Zu d Hyperebenen im $\bar{E}^d$ existiert stets mindestens ein Punkt, welcher mit diesen inzidiert. Sind diese Hyperebenen in allgemeiner Lage, so ist dieser Punkt eindeutig bestimmt und wird als Schnittpunkt der Hyperebenen bezeichnet.*

Zu d Punkten im $\bar{E}^d$ existiert stets mindestens eine Hyperebene, welche mit diesen Punkten inzidiert. Sind diese Punkte in allgemeiner Lage, so ist diese Hyperebene eindeutig bestimmt und wird als Verbindungshyperebene ($d = 2$: Verbindungsgerade, $d = 3$: Verbindungsebene) bezeichnet.

Beweis Der Schnittpunkt $\tilde{\mathbf{s}}$ der d Hyperebenen $\tilde{\mathbf{H}}^1, \ldots, \tilde{\mathbf{H}}^d$ genügt den d Gleichungen

$$\tilde{\mathbf{H}}^i \tilde{\mathbf{s}} = 0, \quad i = 1, \ldots, d.$$

Diese bilden ein homogenes lineares Gleichungssystem für die $d + 1$ Koordinaten des Schnittpunktes, welches stets eine nichttriviale Lösung besitzt. Insbesondere bilden die Lösungen genau dann einen eindimensionalen Unterraum des $\mathbb{R}^{d+1}$, wenn sich die Hyperebenen in allgemeiner Lage befinden. In diesem Fall besitzt die Matrix des linearen Gleichungssystems den maximalen Rang d. Der eindimensionale Unterraum ist dann gerade der Kern der Matrix und entspricht einem eindeutig bestimmten Schnittpunkt.

Analog dazu zeigt man die Existenz und Eindeutigkeit der Verbindungshyperebene. Die Verbindungshyperebene $\tilde{\mathbf{V}}$ der d Punkte $\tilde{\mathbf{p}}^1, \ldots, \tilde{\mathbf{p}}^d$ genügt den d Gleichungen

$$\tilde{\mathbf{V}} \tilde{\mathbf{p}}^i = 0, \quad i = 1, \ldots, d.$$

Diese bilden ein homogenes lineares Gleichungssystem für die $d + 1$ Koordinaten der Verbindungshyperebene, welches stets eine nichttriviale Lösung besitzt. Die Lösungen bilden genau dann einen eindimensionalen Unterraum des $\mathbb{R}^{d+1}$, der dann einer eindeutig bestimmten Verbindungshyperebene entspricht, wenn sich die Punkte in allgemeiner Lage befinden. □

Im projektiv abgeschlossenen Raum besitzen auch zueinander parallele Hyperebenen gemeinsame Punkte. In der Tat lässt sich Parallelität durch die Tatsache charakterisieren, dass alle gemeinsamen Punkte Fernpunkte sind:

Satz *Zwei voneinander verschiedene eigentliche Hyperebenen sind genau dann parallel zueinander, wenn jeder gemeinsame Punkt beider Hyperebenen ein Fernpunkt ist.*

Beweis Zwei eigentliche Hyperebenen $\tilde{\mathbf{G}}$ und $\tilde{\mathbf{H}}$ sind genau dann parallel zueinander, wenn ihre beiden Normalenvektoren $(\tilde{G}_1, \ldots, \tilde{G}_d)$ und $(\tilde{H}_1, \ldots, \tilde{H}_d)$ linear abhängig sind. Zum Beweis des Satzes betrachten wir die beiden linearen Gleichungen

$$\left.\begin{aligned} \tilde{G}_0 + \tilde{G}_1 x_1 + \ldots + \tilde{G}_d x_d &= 0 \\ \tilde{H}_0 + \tilde{H}_1 x_1 + \ldots + \tilde{H}_d x_d &= 0 \end{aligned}\right\},$$

die von den kartesischen Koordinaten der gemeinsamen Punkte beider Hyperebenen erfüllt werden. Für voneinander verschiedene Hyperebenen besitzt dieses System genau dann keine Lösungen, wenn die Koeffizientenmatrix den Rang 1 aufweist, es sich also um zueinander parallele Hyperebenen handelt. Da jede Lösung des Systems einem eigentlichen gemeinsamen Punkt beider Hyperebenen entspricht, gilt die Behauptung. □

Zur Ermittlung des Schnittpunktes von d Hyperebenen $\tilde{\mathbf{H}}^1, \ldots, \tilde{\mathbf{H}}^d$ in allgemeiner Lage betrachten wir eine weitere Hyperebene $\tilde{\mathbf{G}}$, deren homogener Koordinatenvektor von denen der gegebenen Hyperebenen linear abhängig ist. Diese genügt der Bedingung

$$0 = \det \begin{pmatrix} \tilde{G}_0 & \cdots & \tilde{G}_d \\ \tilde{H}_0^1 & \cdots & \tilde{H}_d^1 \\ \tilde{H}_0^2 & \cdots & \tilde{H}_d^2 \\ \vdots & & \vdots \\ \tilde{H}_0^d & \cdots & \tilde{H}_d^d \end{pmatrix}. \tag{1.6}$$

Dies ist äquivalent dazu, dass $\tilde{\mathbf{G}}$ den Schnittpunkt $\tilde{\mathbf{s}}$ der d Hyperebenen $\tilde{\mathbf{H}}^1, \ldots, \tilde{\mathbf{H}}^d$ enthält, da genau dann die Gleichung $\tilde{\mathbf{G}}\tilde{\mathbf{s}} = 0$ von den d linearen Gleichungen $\tilde{\mathbf{H}}^i\tilde{\mathbf{s}} = 0$ linear abhängig ist. Dieses Resultat halten wir fest:

Folgerung *Eine Menge von $d+1$ Hyperebenen $\tilde{\mathbf{H}}^0, \ldots, \tilde{\mathbf{H}}^d$ schneidet sich genau dann in mindestens einem Punkt, wenn die homogenen Koordinatenvektoren linear abhängig sind, d. h., wenn die Gleichung*

$$\det((\tilde{\mathbf{H}}^0)^T, \ldots, (\tilde{\mathbf{H}}^d)^T) = 0 \tag{1.7}$$

erfüllt ist.

Entwickelt man die Determinante in Gleichung (1.6) nach der ersten Zeile, so kann man die Koordinaten $\tilde{\mathbf{s}} = (\tilde{s}_0, \ldots, \tilde{s}_d)^T$ des Schnittpunktes ablesen,

$$0 = \sum_{i=0}^{d} \tilde{G}_i \tilde{s}_i \quad \text{mit } \tilde{s}_i = (-1)^i \det \begin{pmatrix} \tilde{H}_0^1 & \cdots & \widehat{\tilde{H}_i^1} & \cdots & \tilde{H}_d^1 \\ \tilde{H}_0^2 & \cdots & \widehat{\tilde{H}_i^2} & \cdots & \tilde{H}_d^2 \\ \vdots & & \vdots & & \vdots \\ \tilde{H}_0^d & \cdots & \widehat{\tilde{H}_i^d} & \cdots & \tilde{H}_d^d \end{pmatrix}. \tag{1.8}$$

Dabei kennzeichnet das Dach $\widehat{\ }$ das Auslassen eines Eintrags in einer Zeile. Wir fassen zusammen:

Satz *Der Schnittpunkt* $\tilde{\mathbf{s}}$ *der d Hyperebenen* $\tilde{\mathbf{H}}^1, \ldots, \tilde{\mathbf{H}}^d$ *in allgemeiner Lage besitzt die in Gleichung* (1.8) *angegebenen Koordinaten. Wir bezeichnen ihn mit*

$$\tilde{\mathbf{s}} = \tilde{\mathbf{H}}^1 \wedge \tilde{\mathbf{H}}^2 \wedge \cdots \wedge \tilde{\mathbf{H}}^d. \tag{1.9}$$

Zur Ermittlung der Verbindung von d Punkten $\tilde{\mathbf{p}}^1, \ldots, \tilde{\mathbf{p}}^d$ in allgemeiner Lage gehen wir ähnlich vor. Wir betrachten nun einen weiteren Punkt $\tilde{\mathbf{q}}$, dessen homogener Koordinatenvektor von denen der gegebenen Punkte linear abhängig ist. Er genügt der Bedingung

$$0 = \det \begin{pmatrix} \tilde{q}_0 & \tilde{p}_0^1 & \tilde{p}_0^2 & \cdots & \tilde{p}_0^d \\ \tilde{q}_1 & \tilde{p}_1^1 & \tilde{p}_1^2 & \cdots & \tilde{p}_1^d \\ \vdots & \vdots & \vdots & & \vdots \\ \tilde{q}_d & \tilde{p}_d^1 & \tilde{p}_d^2 & \cdots & \tilde{p}_d^d \end{pmatrix}. \tag{1.10}$$

Dies ist äquivalent dazu, dass $\tilde{\mathbf{q}}$ in der Verbindungshyperebene der d Punkte $\tilde{\mathbf{p}}^1, \ldots, \tilde{\mathbf{p}}^d$ liegt, da genau in diesem Falle die Gleichung $\tilde{\mathbf{G}}\tilde{\mathbf{q}} = 0$ von den d linearen Gleichungen $\tilde{\mathbf{G}}\tilde{\mathbf{p}}^i = 0$ linear abhängig ist.

Entwickelt man die Determinante in Gleichung (1.10) nach der ersten Spalte, so kann man die Koordinaten $\tilde{\mathbf{G}} = (\tilde{G}_0, \ldots, \tilde{G}_d)$ der Verbindungshyperebene ablesen,

$$0 = \sum_{i=0}^{d} \tilde{G}_i \tilde{q}_i \quad \text{mit } \tilde{G}_i = (-1)^i \det \begin{pmatrix} \tilde{p}_0^1 & \tilde{p}_0^2 & \cdots & \tilde{p}_0^d \\ \vdots & \vdots & & \vdots \\ \widehat{\tilde{p}_i^1} & \widehat{\tilde{p}_i^2} & \cdots & \widehat{\tilde{p}_i^d} \\ \vdots & \vdots & & \vdots \\ \tilde{p}_d^1 & \tilde{p}_d^2 & \cdots & \tilde{p}_d^d \end{pmatrix}. \tag{1.11}$$

Dabei kennzeichnet das Dach $\widehat{\ }$ erneut das Auslassen eines Eintrags, diesmal allerdings in einer Spalte.

Satz *Die Verbindungshyperebene* $\tilde{\mathbf{G}}$ *der d Punkte* $\tilde{\mathbf{p}}^1, \ldots, \tilde{\mathbf{p}}^d$ *in allgemeiner Lage besitzt die in Gleichung* (1.11) *angegebenen Koordinaten. Wir bezeichnen sie mit*

$$\tilde{\mathbf{G}} = \tilde{\mathbf{p}}^1 \vee \tilde{\mathbf{p}}^2 \vee \cdots \vee \tilde{\mathbf{p}}^d. \tag{1.12}$$

Im Fall $d = 2$ (d. h. in der ebenen Geometrie) treten auf den rechten Seiten der Gleichungen (1.9) und (1.12) nur je zwei homogene Koordinatenvektoren auf. Die Berechnung der

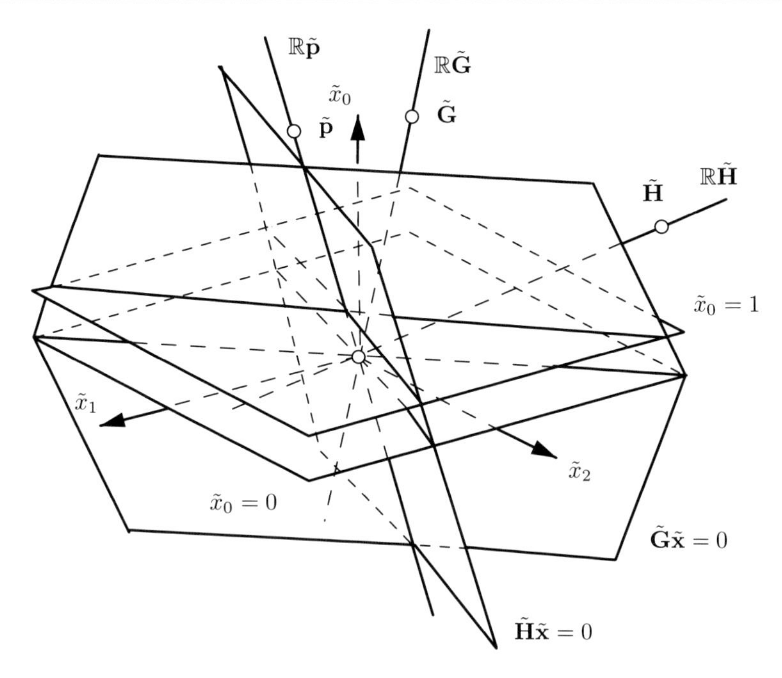

Abb. 1.3 Schnittpunkt $\tilde{\mathbf{p}} = \tilde{\mathbf{G}} \wedge \tilde{\mathbf{H}}$ von zwei Geraden $\tilde{\mathbf{G}}$ und $\tilde{\mathbf{H}}$ in der projektiv abgeschlossenen euklidischen Ebene. Der homogene Koordinatenvektor $\tilde{\mathbf{p}}$ ist zu den beiden Koordinatenvektoren $\tilde{\mathbf{G}}$ und $\tilde{\mathbf{H}}$ orthogonal

Koordinaten des Schnittpunktes bzw. der Verbindungsgeraden erfolgt durch Bestimmung des *Kreuzproduktes* dieser beiden Vektoren.

Abbildung 1.3 zeigt die Situation für den Schnittpunkt zweier Geraden. Die Verbindungsgerade zweier Punkte $\tilde{\mathbf{p}}$ und $\tilde{\mathbf{q}}$ wurde bereits in Abb. 1.2 dargestellt. Der homogene Koordinatenvektor $\tilde{\mathbf{G}} = \tilde{\mathbf{p}} \vee \tilde{\mathbf{q}}$ ist hier zu den beiden Koordinatenvektoren $\tilde{\mathbf{p}}$ und $\tilde{\mathbf{q}}$ orthogonal.

Im Folgenden werden wir die Bezeichnungen $\wedge$ und $\vee$ auch für die Ergebnisse von Schnitt- und Verbindungsoperationen verwenden, die keine Hyperebenen liefern. Sind beispielsweise $\tilde{\mathbf{E}}$ und $\tilde{\mathbf{F}}$ zwei Hyperebenen im dreidimsionalen Raum, so bezeichnet $\tilde{\mathbf{E}} \wedge \tilde{\mathbf{F}}$ ihren $d-2$-dimensionalen Schnittraum (für $d = 3$: Schnittgerade). Analog dazu bezeichnet $\tilde{\mathbf{p}} \vee \tilde{\mathbf{q}}$ die Verbindungsgerade zweier Punkte für jede Dimension d. Diese geometrischen Objekte (wie Geraden im dreidimensionalen Raum) lassen sich nicht mehr durch homogene Koordinatenvektoren im $\mathbb{R}^{d+1}$ erfassen. Einen Ausweg bietet die Verwendung allgemeinerer homogener Koordinaten, wie beispielsweise von Plücker-Koordinaten[2] für Geraden. Derartige Koordinaten werden jedoch im Rahmen dieses Buches nicht behandelt.

[2] Der deutsche Mathematiker Julius Plücker (1801–1868) lehrte seit 1835 an der Universität Bonn. Er beschäftigte sich als Erster mit der Geometrie der Geraden, der sog. Linien-Geometrie.

1.3 Dualität

Bei der Verwendung homogener Koordinaten spielen Punkte und Hyperebenen eine zueinander symmetrische Rolle. Beide werden durch Vektoren des $\mathbb{R}^{d+1}$ beschrieben, wobei zur Unterscheidung Spaltenvektoren für Punkte und Zeilenvektoren für Hyperebenen verwendet wurden. Abgesehen von diesem notationsbedingten Unterschied liegt keinerlei Asymmetrie vor. Insbesondere kann man in den Formeln für Schnittpunkte und Verbindungshyperebenen deren Rolle miteinander vertauschen.

Zur Formalisierung dieser Beobachtung führen wir den Begriff der Dualität ein. Später werden wir sehen, dass es sich dabei um einen Spezialfall einer allgemeineren Klasse von Transformationen handelt.

Definition

Die **Dualität** δ ist eine bijektive Abbildung, die jedem Punkt eine Hyperebene und jeder Hyperebene einen Punkt zuordnet. Das Bild des Punktes $\tilde{\mathbf{p}} = (\tilde{p}_0, \dots, \tilde{p}_d)^T$ bei der Dualität ist die Hyperebene $\tilde{\mathbf{G}} = \delta(\tilde{\mathbf{p}})$ mit dem homogenen Koordinatenvektor

$$\tilde{\mathbf{G}} = \tilde{\mathbf{p}}^T = (\tilde{p}_0, \dots, \tilde{p}_d).$$

Das Bild der Hyperebene $\tilde{\mathbf{H}} = (\tilde{H}_0, \dots, \tilde{H}_d)$ bei der Dualität ist der Punkt $\tilde{\mathbf{q}} = \delta(\tilde{\mathbf{H}})$ mit dem homogenen Koordinatenvektor

$$\tilde{\mathbf{q}} = \tilde{\mathbf{H}}^T = (\tilde{H}_0, \dots, \tilde{H}_d)^T.$$

Offenbar ist die Dualität eine Involution, d. h., die zweifache Anwendung ist die Identität,

$$\delta(\delta(\tilde{\mathbf{p}})) = \tilde{\mathbf{p}} \quad \text{und} \quad \delta(\delta(\tilde{\mathbf{H}})) = \tilde{\mathbf{H}}.$$

Die Dualität besitzt folgende geometrische Interpretation (siehe Abb. 1.4): Das Bild eines vom Koordinatenursprung verschiedenen Punktes $\mathbf{p}$, der durch seine kartesischen Koordinaten gegeben ist, ist die Hyperebene mit dem Normalenvektor $\vec{\mathbf{n}} = \mathbf{p}/\|\mathbf{p}\|$ und dem orientierten Abstand $D = -1/\|\mathbf{p}\|$ vom Koordinatenursprung. Das Bild eines Fernpunktes ist dagegen diejenige Hyperebene durch den Koordinatenursprung, deren Normalenvektor parallel zu den durch den Fernpunkt verlaufenden Geraden ist.

Andererseits ist das Bild einer Hyperebene mit normiertem Normalenvektor $\vec{\mathbf{n}}$ und dem orientierten Abstand D vom Koordinatenursprung der Punkt $(-1/D)\vec{\mathbf{n}}$, falls $D \neq 0$ gilt, und sonst der Fernpunkt der zu $\vec{\mathbf{n}}$ parallelen Geraden. Das Bild der Fernhyperebene bei der Dualität ist der Ursprung des kartesischen Koordinatensystems und umgekehrt.

Die Dualität δ erhält die Inzidenz zwischen Punkten und Hyperebenen, denn wegen

$$\tilde{\mathbf{H}}\tilde{\mathbf{p}} = \delta(\tilde{\mathbf{p}})\delta(\tilde{\mathbf{H}}) = \tilde{H}_0\tilde{p}_0 + \dots + \tilde{H}_d\tilde{p}_d$$

ist

$$\tilde{\mathbf{H}}\tilde{\mathbf{p}} = 0 \quad \text{äquivalent zu} \quad \delta(\tilde{\mathbf{p}})\delta(\tilde{\mathbf{H}}) = 0.$$

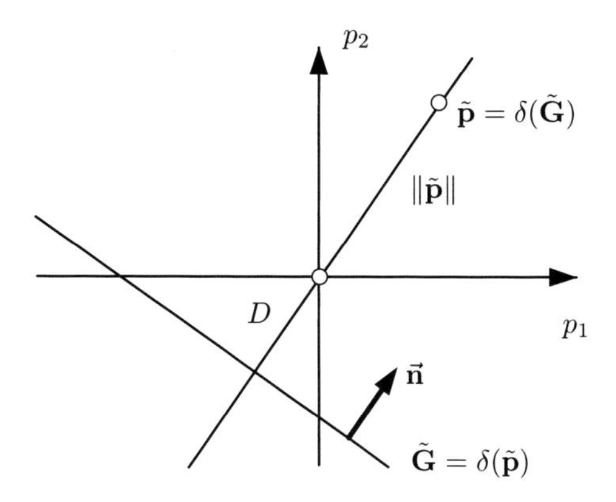

Abb. 1.4 Die Dualität zwischen Punkten und Geraden in der Ebene

Folglich werden auch die Ergebnisse von Schnitt- und Verbindungsoperationen ineinander überführt,

$$\delta(\tilde{\mathbf{p}}^1 \vee \tilde{\mathbf{p}}^2 \vee \ldots \vee \tilde{\mathbf{p}}^d) = \delta(\tilde{\mathbf{p}}^1) \wedge \delta(\tilde{\mathbf{p}}^2) \wedge \ldots \wedge \delta(\tilde{\mathbf{p}}^d) \quad \text{und}$$
$$\delta(\tilde{\mathbf{H}}^1 \wedge \tilde{\mathbf{H}}^2 \wedge \ldots \wedge \tilde{\mathbf{H}}^d) = \delta(\tilde{\mathbf{H}}^1) \vee \delta(\tilde{\mathbf{H}}^2) \vee \ldots \vee \delta(\tilde{\mathbf{H}}^d).$$

Aus der beschriebenen Symmetrie der Beschreibung von Punkten und Hyperebenen und der Verbindungs- und Schnittoperationen durch homogene Koordinaten folgt das *Dualitätsprinzip der projektiven Geometrie:*

Satz *Wendet man auf eine wahre geometrische Aussage über Punkte, Hyperebenen sowie deren Verbindungshyperebenen und Schnittpunkte die Dualität δ an, d. h., vertauscht man die Begriffe Punkte und Hyperebene sowie Schnitt und Verbindung jeweils miteinander, so entsteht wieder eine wahre Aussage.*

Wir wenden dieses Prinzip auf zwei klassische Sätze an, die in der projektiv abgeschlossenen Ebene $\bar{E}^2$ gelten.

Satz (Pappus[3]) *Für sechs paarweise verschiedene Punkte $\tilde{\mathbf{p}}^1, \tilde{\mathbf{p}}^2, \tilde{\mathbf{p}}^3$ und $\tilde{\mathbf{q}}^1, \tilde{\mathbf{q}}^2, \tilde{\mathbf{q}}^3$ in der projektiv abgeschlossenen Ebene $\bar{E}^2$ betrachtet man die drei Schnittpunkte*

$$\tilde{\mathbf{s}}^i = (\tilde{\mathbf{p}}^j \vee \tilde{\mathbf{q}}^k) \wedge (\tilde{\mathbf{q}}^j \vee \tilde{\mathbf{p}}^k), \quad (i,j,k) = (1,2,3), (2,3,1), (3,1,2). \tag{1.13}$$

Falls die drei Punkte $\tilde{\mathbf{p}}^1, \tilde{\mathbf{p}}^2, \tilde{\mathbf{p}}^3$ und $\tilde{\mathbf{q}}^1, \tilde{\mathbf{q}}^2, \tilde{\mathbf{q}}^3$ jeweils auf einer Geraden liegen, wobei keiner der insgesamt sechs Punkte auf beiden Geraden liegt, so sind die drei Schnittpunkte $\tilde{\mathbf{s}}^1$, $\tilde{\mathbf{s}}^2$ und $\tilde{\mathbf{s}}^3$ kollinear, liegen also ebenfalls auf einer Geraden.

[3] Der griechische Mathematiker Pappus bzw. Pappos von Alexandria lebte im 4. Jahrhundert vor Chr.

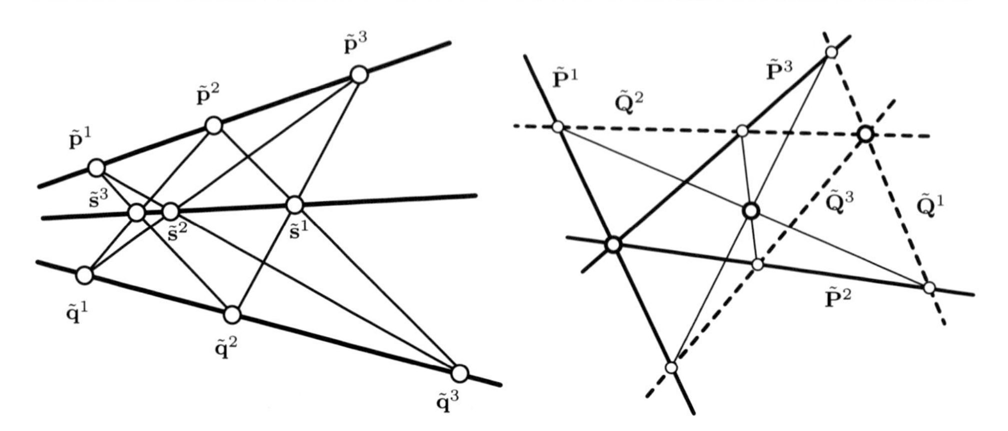

Abb. 1.5 Satz von Pappus (*links*) und die duale Version (*rechts*)

Den Beweis dieses Satzes, dessen Aussage in Abb. 1.5 visualisiert wird, werden wir erst in Kap. 4 (Abschn. 4.6) durchführen.

Drei Punkte $\tilde{\mathbf{a}}, \tilde{\mathbf{b}}, \tilde{\mathbf{c}}$ in der Ebene sind genau dann kollinear, wenn die homogenen Koordinatenvektoren linear abhängig sind, also die Determinante der von den homogenen Koordinatenvektoren gebildeten 3×3-Matrix $(\tilde{\mathbf{a}}, \tilde{\mathbf{b}}, \tilde{\mathbf{c}})$ den Wert Null besitzt, siehe (1.5). Der Satz von Pappus lässt sich formal wie folgt beschreiben:

$$(\det(\tilde{\mathbf{p}}^1, \tilde{\mathbf{p}}^2, \tilde{\mathbf{p}}^3) = 0 \text{ und } \det(\tilde{\mathbf{q}}^1, \tilde{\mathbf{q}}^2, \tilde{\mathbf{q}}^3) = 0) \quad \Rightarrow \quad \det(\tilde{\mathbf{s}}^1, \tilde{\mathbf{s}}^2, \tilde{\mathbf{s}}^3) = 0. \tag{1.14}$$

Dabei werden auch entartete Situationen erfasst, bei denen etwa die beiden Geraden zusammenfallen oder aber die Punkte nicht paarweise verschieden sind. In diesen Fällen sind möglicherweise nicht alle drei Schnittpunkte $\tilde{\mathbf{s}}^i$ definiert und die Berechnung gemäß (1.13) ergibt den Nullvektor. Auch in diesem Fall besitzt die Determinante $\det(\tilde{\mathbf{s}}^1, \tilde{\mathbf{s}}^2, \tilde{\mathbf{s}}^3)$ natürlich den Wert Null.

Wendet man auf (1.14) und (1.13) jeweils die Dualität δ an und setzt man $\tilde{\mathbf{P}}^i = \delta(\tilde{\mathbf{p}}^i)$, $\tilde{\mathbf{Q}}^i = \delta(\tilde{\mathbf{q}}^i)$ sowie $\tilde{\mathbf{S}}^i = \delta(\tilde{\mathbf{s}}^i)$, so erhält man die zum Satz von Pappus duale Aussage

$$\begin{aligned} &(\det((\tilde{\mathbf{P}}^1)^T, (\tilde{\mathbf{P}}^2)^T, (\tilde{\mathbf{P}}^3)^T) = 0 \text{ und } \det((\tilde{\mathbf{Q}}^1)^T, (\tilde{\mathbf{Q}}^2)^T, (\tilde{\mathbf{Q}}^3)^T) = 0) \\ &\Rightarrow \quad \det((\tilde{\mathbf{S}}^1)^T, (\tilde{\mathbf{S}}^2)^T, (\tilde{\mathbf{S}}^3)^T) = 0, \end{aligned} \tag{1.15}$$

wobei die Verbindungsgeraden $\tilde{\mathbf{S}}^i$ nun durch

$$\tilde{\mathbf{S}}^i = (\tilde{\mathbf{P}}^j \wedge \tilde{\mathbf{Q}}^k) \vee (\tilde{\mathbf{Q}}^j \wedge \tilde{\mathbf{P}}^k) \quad \text{für} \quad (i,j,k) = (1,2,3), (2,3,1), (3,1,2) \tag{1.16}$$

definiert sind.

Drei Geraden $\tilde{\mathbf{A}}, \tilde{\mathbf{B}}, \tilde{\mathbf{C}}$ in der Ebene besitzen genau dann einen gemeinsamen Punkt, wenn die homogenen Koordinatenvektoren linear abhängig sind, also die Determinante der von den homogenen Koordinatenvektoren gebildeten 3 × 3-Matrix $(\tilde{\mathbf{A}}^T, \tilde{\mathbf{B}}^T, \tilde{\mathbf{C}}^T)$ den Wert Null besitzt, siehe (1.7). In Worten lässt sich die Aussage (1.15) daher wie folgt formulieren:

Satz (Pappus, duale Version) *Für sechs paarweise verschiedene Geraden $\tilde{\mathbf{P}}^1, \tilde{\mathbf{P}}^2, \tilde{\mathbf{P}}^3$ und $\tilde{\mathbf{Q}}^1, \tilde{\mathbf{Q}}^2, \tilde{\mathbf{Q}}^3$ in der projektiv abgeschlossenen Ebene $\bar{E}^2$ betrachtet man die drei Verbindungsgeraden $\tilde{\mathbf{S}}^i$, siehe (1.16). Falls die drei Geraden $\tilde{\mathbf{P}}^1, \tilde{\mathbf{P}}^2, \tilde{\mathbf{P}}^3$ und $\tilde{\mathbf{Q}}^1, \tilde{\mathbf{Q}}^2, \tilde{\mathbf{Q}}^3$ jeweils einen gemeinsamen Punkt besitzen, wobei keine der insgesamt sechs Geraden mit beiden Punkten inzidiert, so besitzen die drei Verbindungsgeraden $\tilde{\mathbf{S}}^1$, $\tilde{\mathbf{S}}^2$ und $\tilde{\mathbf{S}}^3$ ebenfalls einen gemeinsamen Punkt.*

Die duale Aussage, die ebenfalls in Abb. 1.5 dargestellt ist, folgt unmittelbar aus der ursprünglichen Version. In der Tat sind die beiden rein algebraischen Formulierungen (1.14) und (1.15) sowie (1.13) und (1.16) bis auf die Bezeichnungen der Variablen identisch.

Ein weiterer klassischer Satz über Konfigurationen von Punkten und Geraden stammt von Desargues[4].

Satz (Desargues) *In der projektiv abgeschlossenen Ebene $\bar{E}^2$ seien zwei Dreiecke mit paarweise verschiedenen Eckpunkten $\tilde{\mathbf{a}}^i, \tilde{\mathbf{b}}^i, \tilde{\mathbf{c}}^i$ gegeben, deren Kanten auf den Geraden*

$$\tilde{\mathbf{A}}^i = \tilde{\mathbf{b}}^i \vee \tilde{\mathbf{c}}^i, \quad \tilde{\mathbf{B}}^i = \tilde{\mathbf{c}}^i \vee \tilde{\mathbf{a}}^i \quad \text{und} \quad \tilde{\mathbf{C}}^i = \tilde{\mathbf{a}}^i \vee \tilde{\mathbf{b}}^i \tag{1.17}$$

liegen ($i = 1, 2$, siehe Abb. 1.6). Falls sich die drei Verbindungsgeraden $\tilde{\mathbf{a}}^1 \vee \tilde{\mathbf{a}}^2$, $\tilde{\mathbf{b}}^1 \vee \tilde{\mathbf{b}}^2$ und $\tilde{\mathbf{c}}^1 \vee \tilde{\mathbf{c}}^2$ in einem gemeinsamen Punkt schneiden, so liegen die drei Schnittpunkte $\tilde{\mathbf{A}}^1 \wedge \tilde{\mathbf{A}}^2$, $\tilde{\mathbf{B}}^1 \wedge \tilde{\mathbf{B}}^2$ und $\tilde{\mathbf{C}}^1 \wedge \tilde{\mathbf{C}}^2$ auf einer Geraden.

Beweis Die Konfiguration des Satzes von Desargues lässt sich durch Projektion einer räumlichen Situation in die Ebene erzeugen. Die beiden Dreiecke entstehen dabei als Schnitte der drei Verbindungsgeraden $\tilde{\mathbf{a}}^1 \vee \tilde{\mathbf{a}}^2$, $\tilde{\mathbf{b}}^1 \vee \tilde{\mathbf{b}}^2$ und $\tilde{\mathbf{c}}^1 \vee \tilde{\mathbf{c}}^2$ mit zwei Ebenen. Diese beiden Ebenen schneiden sich in einer Geraden $\tilde{\mathbf{G}}$.

Falls die drei Verbindungsgeraden einen gemeinsamen Punkt besitzen, so liegen die vier Punkte $\tilde{\mathbf{a}}^1, \tilde{\mathbf{a}}^2, \tilde{\mathbf{b}}^1$ und $\tilde{\mathbf{b}}^2$ in einer Ebene. Folglich schneiden sich die beiden Geraden $\tilde{\mathbf{C}}^1$ und $\tilde{\mathbf{C}}^2$ im Schnittpunkt dieser Ebene mit der Geraden $\tilde{\mathbf{G}}$. Analoges gilt für die anderen beiden Geraden. Daher liegen alle drei Schnittpunkte auf der Geraden $\tilde{\mathbf{G}}$. □

Der Satz von Desargues gilt auch in Räumen höherer Dimension.

[4] Der französische Mathematiker Gérard Desargues (1591–1661) war einer der Mitbegründer der projektiven Geometrie.

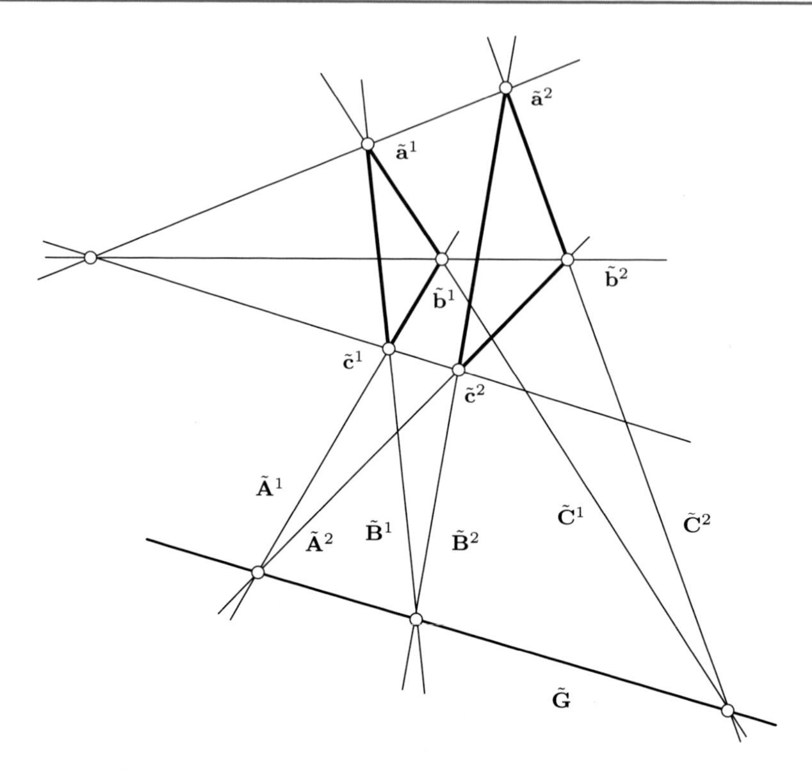

Abb. 1.6 Die Konfiguration des Satzes von Desargues

In der Ebene lässt sich diese Aussage mit Hilfe der Charakterisierungen von drei sich schneidenden Geraden (1.7) bzw. von drei kollinearen Punkten (1.5) wie folgt formulieren:

$$\begin{aligned} &\det((\tilde{\mathbf{a}}^1 \vee \tilde{\mathbf{a}}^2)^T, (\tilde{\mathbf{b}}^1 \vee \tilde{\mathbf{b}}^2)^T, (\tilde{\mathbf{c}}^1 \vee \tilde{\mathbf{c}}^2)^T) = 0 \\ \Rightarrow \quad &\det(\tilde{\mathbf{A}}^1 \wedge \tilde{\mathbf{A}}^2, \tilde{\mathbf{B}}^1 \wedge \tilde{\mathbf{B}}^2, \tilde{\mathbf{C}}^1 \wedge \tilde{\mathbf{C}}^2) = 0, \end{aligned} \tag{1.18}$$

wobei die Geraden $\tilde{\mathbf{A}}^i$, $\tilde{\mathbf{B}}^i$ und $\tilde{\mathbf{C}}^i$ durch (1.17) definiert sind. Wendet man auf diese Aussage die Dualität δ an und setzt $\tilde{\mathbf{P}}^i = \delta(\tilde{\mathbf{a}}^i)$, $\tilde{\mathbf{p}}^i = \delta(\tilde{\mathbf{A}}^i)$, $\tilde{\mathbf{Q}}^i = \delta(\tilde{\mathbf{b}}^i)$, $\tilde{\mathbf{q}}^i = \delta(\tilde{\mathbf{B}}^i)$ sowie $\tilde{\mathbf{R}}^i = \delta(\tilde{\mathbf{c}}^i)$, $\tilde{\mathbf{r}}^i = \delta(\tilde{\mathbf{C}}^i)$ so erhält man die zum Satz von Desargues duale Ausage

$$\begin{aligned} &\det(\tilde{\mathbf{P}}^1 \wedge \tilde{\mathbf{P}}^2, \tilde{\mathbf{Q}}^1 \wedge \tilde{\mathbf{Q}}^2, \tilde{\mathbf{R}}^1 \wedge \tilde{\mathbf{R}}^2) = 0 \\ \Rightarrow \quad &\det((\tilde{\mathbf{p}}^1 \vee \tilde{\mathbf{p}}^2)^T, (\tilde{\mathbf{q}}^1 \vee \tilde{\mathbf{q}}^2)^T, (\tilde{\mathbf{r}}^1 \vee \tilde{\mathbf{r}}^2)^T) = 0, \end{aligned} \tag{1.19}$$

wobei nun die Punkte als Schnittpunkte entsprechender Geraden definiert sind,

$$\tilde{\mathbf{p}}^i = \tilde{\mathbf{Q}}^i \wedge \tilde{\mathbf{R}}^i, \quad \tilde{\mathbf{q}}^i = \tilde{\mathbf{R}}^i \wedge \tilde{\mathbf{P}}^i \quad \text{und} \quad \tilde{\mathbf{r}}^i = \tilde{\mathbf{P}}^i \wedge \tilde{\mathbf{Q}}^i. \tag{1.20}$$

Satz (Dualer Satz von Desargues) *In der projektiv abgeschlossenen Ebene* $\bar{E}^2$ *seien zwei Dreiecke gegeben, deren Kanten auf den paarweise verschiedenen Geraden* $\tilde{\mathbf{P}}^i, \tilde{\mathbf{Q}}^i, \tilde{\mathbf{R}}^i$ *liegen. Die Dreiecke besitzen dann die durch* (1.20) *definierten Eckpunkte* $(i = 1, 2)$*. Falls die drei Schnittpunkte* $\tilde{\mathbf{P}}^1 \wedge \tilde{\mathbf{P}}^2$, $\tilde{\mathbf{Q}}^1 \wedge \tilde{\mathbf{Q}}^2$ *und* $\tilde{\mathbf{R}}^1 \wedge \tilde{\mathbf{R}}^2$ *auf einer Geraden liegen, so schneiden sich die drei Geraden* $\tilde{\mathbf{p}}^1 \vee \tilde{\mathbf{p}}^2$, $\tilde{\mathbf{q}}^1 \vee \tilde{\mathbf{q}}^2$ *und* $\tilde{\mathbf{r}}^1 \vee \tilde{\mathbf{r}}^2$ *in einem Punkt.*

Anders als im Fall des Satzes von Pappus ist die Konfiguration des Satzes von Desargues (siehe Abb. 1.6) zu sich selbst dual. Die Aussage (1.18) des Satzes und die zu ihr duale Aussage (1.19) lassen sich hier zu einer Äquivalenzaussage zusammenfassen.

Innerhalb der nicht projektiv abgeschlossenen Ebene E^2 gilt das Dualitätsprinzip nur eingeschränkt, da die Fernhyperebene und die Fernpunkte eine Sonderrolle spielen. Es gibt zwar nur eine Fernhyperebene, aber diese enthält unendlich viele Fernpunkte! Die Rolle von Punkten und Hyperebenen ist offenbar bezüglich der Eigenschaft des „fern"-Seins nicht symmetrisch.

Darüber hinaus würde eine präzise Formulierung der Sätze von Pappus und Desargues ohne Verwendung von Fernpunkten die Betrachtung zahlreicher Sonderfälle erfordern, etwa, wenn die zu schneidenden Geraden parallel zueinander sind. Hier gelingt durch die Verwendung des projektiv abgeschlossenen Raumes eine deutlich kompaktere Formulierung. Die Sätze von Pappus und Desargues sind Beispiele für Aussagen der projektiven Geometrie. Zu ihrer Formulierung werden nur die Begriffe Punkt, Gerade und Inzidenz, jedoch nicht Eigenschaften wie Orthogonalität oder Parallelität benötigt.

Auch in der *kombinatorischen Geometrie* besitzt das dargelegte Dualitätsprinzip große Bedeutung. Eine typische Fragestellung aus diesem Bereich ist die maximale Anzahl von Punkt-Geraden-Paaren $(\tilde{\mathbf{p}}, \tilde{\mathbf{G}})$, sodass der Punkt $\tilde{\mathbf{p}}$ auf der Geraden $\tilde{\mathbf{G}}$ liegt wenn n Punkte und m Geraden gegeben sind. Eine triviale obere Schranke dafür ist natürlich nm. Der folgende Satz gibt eine wesentlich bessere, scharfe obere Schranke dafür an.

Satz (Satz von Szemerédi-Trotter[5]) *Für jede Konfiguration aus n Punkten und m Geraden in der Ebene* E^2 *bezeichnen wir mit I die Menge der Punkt-Geraden-Inzidenzen, d. h. die Menge der Punkt-Geraden-Paare* $(\tilde{\mathbf{p}}, \tilde{\mathbf{G}})$*, sodass* $\tilde{\mathbf{p}}$ *auf* $\tilde{\mathbf{G}}$ *liegt. Es existiert eine Konstante c, die nicht von m oder n abhängt, sodass für jede derartige Konfiguration die Ungleichung* $|I| \leq c(n^{2/3}m^{2/3} + n + m)$ *gilt.*

Um diesen Satz zu beweisen, leiten wir zuerst einen zentralen Satz über die Anzahl von Kreuzungen in Graphen in der Ebene E^2 her. Ein Graph besteht aus einer endlichen Menge

[5] Endre Szemerédi ist ein 1940 in Ungarn geborener Mathematiker, der im Bereich der diskreten Mathematik und theoretischen Informatik zahlreiche Veröffentlichungen verfasste. Neben vielen anderen Ehrungen bekam er 2012 den Abelpreis verliehen, der oft auch als Nobelpreis der Mathematik bezeichnet wird.

von Punkten in E^2 und Kanten (Kurven in E^2), die diese Punkte verbinden.[6] Zwei Kanten des Graphen kreuzen sich, wenn sie sich in ihrem Inneren schneiden. Dies wird als eine Kreuzung bezeichnet, auch wenn sich dieses Paar von Kanten mehrfach schneidet. Mit $\mathrm{cr}(G)$ bezeichnen wir die Anzahl von sich kreuzenden Paaren von Kanten. Der folgende Satz gibt eine untere Schranke für die Anzahl von Kreuzungen eines Graphen an, wenn die Anzahl der Kanten nach unten beschränkt ist.

Satz *Seien n die Anzahl der Punkte und e die Anzahl der Kanten eines Graphen G in E^2 mit $e > 4n$. Dann gilt $\mathrm{cr}(G) \geq \frac{1}{64}\frac{e^3}{n^2}$.*

Beweis Um den Satz zu beweisen, bedienen wir uns eines probabilistischen Ansatzes. Wir konstruieren einen zufälligen Teilgraphen H von G, in dem jeder der n Punkte von G mit Wahrscheinlichkeit p, für einen festen Parameter p, $0 < p < 1$, in H vorhanden ist. Eine Kante von G ist in H genau dann vorhanden, wenn beide Endpunkte der Kante in H vorhanden sind. Sei n_H die Anzahl der Punkte von H, e_H die Anzahl der Kanten von H und $\mathrm{cr}(H)$ die Anzahl von Paaren sich kreuzender Kanten (da sich zwei Kanten möglicherweise in mehr als einem Punkt kreuzen können) in H. Als Erwartungswerte dieser drei Parameter erhalten wir $E(n_H) = pn$, $E(e_H) = p^2 e$ und $E(\mathrm{cr}(H)) = p^4\,\mathrm{cr}(G)$, da bei Kanten zwei und bei Kreuzungen vier zufällig gewählte Punkte vorhanden sein müssen.

Da H genau $\mathrm{cr}(H)$ Kreuzungen hat, können wir durch das Entfernen von maximal $\mathrm{cr}(H)$ Kanten (für jede Kreuzung wird eine Kante entfernt, wobei eine Kante mehrfach verwendet werden kann) einen kreuzungsfreien Teilgraphen H' erzeugen. In Abschn. 2.4 zeigen wir, dass eine Triangulierung mit $n \geq 3$ Punkten, und damit ein kreuzungsfreier Graph, maximal $3n - 6$ Kanten hat. Daher hat H' weniger als $3n_H$ Kanten (dies ist auch für $n_H \leq 2$ richtig), womit $e_H < \mathrm{cr}(H) + 3n_H$ gilt. Eine Umformung ergibt damit eine erste untere Schranke $\mathrm{cr}(H) > e_H - 3n_H$.

Aus dieser Ungleichung, und wegen der Linearität der Erwartungswerte, ergibt sich $E(\mathrm{cr}(H)) \geq E(e_H) - 3E(n_H)$. Mit den beschriebenen Erwartungswerten erhalten wir somit $p^4\,\mathrm{cr}(G) \geq p^2 e - 3pn$. Wir setzen nun $p = 4n/e$, wobei $p < 1$ wegen der Voraussetzung $e > 4n$ gilt. Daraus erhalten wir durch einfache Umformung $\mathrm{cr}(G) \geq \frac{1}{64}\frac{e^3}{n^2}$, womit der Satz bewiesen ist. □

Die Konstante in diesem Satz kann geringfügig verbessert werden, wodurch der Beweis jedoch komplizierter wird. Daher gehen wir hier nicht näher darauf ein.

Der folgende Beweis des Satzes von Szemerédi-Trotter geht auf G.J. Székely (1997) zurück und stellt eine elegante Vereinfachung des ursprünglichen Beweises dar.

[6] Wir verwenden hier die einfachste Definition von Graphen und verweisen für ausführlichere Beschreibungen, v. a. für die Behandlung von Spezialfällen, auf die weiterführende Literatur. Des Weiteren unterscheiden wir hier nicht zwischen dem Graphen selbst und seiner Darstellung in der Ebene E^2.

Beweis (Satz von Szemerédi-Trotter) Sei k_i die Anzahl von Punkten auf der Geraden $\tilde{\mathbf{G}}^i$. Alle Geraden, auf denen nur ein Punkt liegt, können insgesamt höchstens m Inzidenzen beitragen. Daher nehmen wir in der Folge an, dass $k_i \geq 2$ gilt. Wir betrachten nun für jede Gerade die Menge an Geradenabschnitten, die durch zwei aufeinanderfolgende Punkte auf dieser Geraden aufgespannt werden, und nennen diese Geradenabschnitte kurz Strecken. Eine Gerade $\tilde{\mathbf{G}}^i$ ergibt dabei $k_i - 1$ solcher Strecken, und da $k_i \geq 2$ gilt, erhalten wir insgesamt zumindest halb so viele Strecken, wie es Inzidenzen gibt. Sei s die Anzahl dieser Strecken. Dann gilt $|I| \leq 2s + m$, wobei der additive m-Term alle Geraden mit nur einem inzidenten Punkt berücksichtigt.

Um den Satz zu beweisen, genügt es daher, die Ungleichung

$$s \leq c(n^{2/3}m^{2/3} + n)$$

zu zeigen. Für $s \leq 4n$ ist diese Ungleichung offensichtlich erfüllt, daher nehmen wir $s > 4n$ an. Damit können wir nun den obigen Satz zur Beschränkung der Anzahl von Kreuzungen auf den Graphen mit n Punkten und $s = e$ Strecken als Kanten anwenden und erhalten $\mathrm{cr} \geq \frac{1}{64}\frac{s^3}{n^2}$. Andererseits können sich die m Geraden maximal $\mathrm{cr} \leq \binom{m}{2} \leq m^2$ oft schneiden. Damit gilt $\frac{1}{64}\frac{s^3}{n^2} \leq m^2$ und somit $s \leq 4(n^{2/3}m^{2/3})$, womit der Satz von Szemerédi-Trotter bewiesen ist. □

Anhand von Beispielen kann gezeigt werden, dass der Satz von Szemerédi-Trotter bis auf die Konstante scharf ist, also nicht verbessert werden kann. Es existieren auch Erweiterungen auf höher-dimensionale Räume, die eine analoge obere Schranke für die Anzahl von Inzidenzen zwischen Punkten und Hyperebenen herleiten.

1.4 Orientierung, Schnitte und Robustheit

In diesem Abschnitt behandeln wir einige einfache Methoden zur Abfrage der relativen Lage von Punkten und Strecken in der Ebene. Wie bereits im vorhergehenden Abschnitt ist dabei eine Strecke ein Geradenabschnitt, d. h. jene gerade Linie, die von zwei Punkten auf einer Geraden begrenzt wird. Eine robuste Implementierung solcher Abfragen bildet die Grundlage für effiziente geometrische Algorithmen. In Kap. 2 und 3 werden wir Algorithmen behandeln, die solche Operatoren verwenden.

Orientierung dreier Punkte in der Ebene In Abschn. 1.1 wurde bereits gezeigt, dass $d+1$ Punkte genau dann in einer gemeinsamen Hyperebene des E^d liegen, wenn ihre Koordinatenvektoren linear abhängig sind. Diese Beobachtung lässt sich leicht zur Feststellung der Orientierung geordneter Punkt-Tupel erweitern, wobei wir im Folgenden unsere Betrachtungen auf die Ebene beschränken.

Gegeben seien drei Punkte $\mathbf{p} = (p_1, p_2)^T$, $\mathbf{q} = (q_1, q_2)^T$ und $\mathbf{r} = (r_1, r_2)^T$ in der Ebene E^2. Gesucht ist die Orientierung von $\mathbf{p}, \mathbf{q}, \mathbf{r}$, d. h., wir wollen wissen, ob diese drei Punkte in der gegebenen Reihenfolge im Uhrzeigersinn oder gegen den Uhrzeigersinn angeordnet sind, oder ob sie auf einer gemeinsamen Geraden liegen (d. h. kollinear sind). Dies ist äquivalent zur Frage, ob der Punkt **r** bezüglich der gerichteten Geraden durch **p** und **q** rechts, links oder auf dieser Geraden liegt. Aus den Betrachtungen in den Abschn. 1.1 und 1.2 folgt, dass dies durch die Determinante der Matrix der homogenen Koordinatenvektoren der Punkte berechnet werden kann. Konkret erhalten wir

$$\det\begin{pmatrix} p_1 & q_1 & r_1 \\ p_2 & q_2 & r_2 \\ 1 & 1 & 1 \end{pmatrix} \begin{cases} > 0 & \text{Orientierung gegen den Uhrzeigersinn,} \\ = 0 & \text{kollinear,} \\ < 0 & \text{Orientierung im Uhrzeigersinn.} \end{cases} \tag{1.21}$$

Wir können also eine Funktion

$$\mathrm{cc}(\mathbf{p}, \mathbf{q}, \mathbf{r}) := \mathrm{sign}(p_1 \cdot q_2 - p_2 \cdot q_1 - p_1 \cdot r_2 + p_2 \cdot r_1 + q_1 \cdot r_2 - q_2 \cdot r_1)$$

definieren, die als Ergebnis $(+1, 0, -1)$ zurückliefert, wenn die Punkte (gegen den Uhrzeigersinn, kollinear, im Uhrzeigersinn) orientiert sind. Die Funktionsbezeichnung cc() leitet sich dabei vom englischen Wort *counter-clockwise* ab, und sign() ist der Vorzeichenoperator mit der offensichtlichen Bedeutung.

Es sei hier angemerkt, dass die Funktion cc() sehr einfach und stabil zu implementieren ist. Liegen die Punkte mit ganzzahligen Koordinaten vor, so sind auch alle Zwischenergebnisse ganzzahlig. Auch die Speicherkomplexität lässt sich sehr leicht abschätzen. Benötigen die Koordinaten der Punkte maximal B Bit, so genügen für die Berechnung $2B + 3$ Bit. Im Gegensatz dazu kann z. B. die auch häufig vorgeschlagene direkte Verwendung von Geradengleichungen zu numerischen Problemen führen und erfordert für Punkte mit identischen x_1- oder x_2-Koordinaten je nach Implementierung eine Extrabehandlung.

Analoge Abfragen zu cc() lassen sich natürlich auch in höherdimensionalen Räumen herleiten. Wir verzichten hier jedoch darauf, da wir diese in den weiteren Betrachtungen nicht benötigen werden.

Schnitt zweier Strecken Die Ermittlung des Schnittpunktes von Hyperebenen in allgemeiner Lage unter Verwendung eines homogenen linearen Gleichungssystems wurde bereits in Abschn. 1.2 betrachtet, siehe (1.9). Für die Ebene ergibt sich daraus unmittelbar, dass der Schnittpunkt zweier Geraden durch die Lösung eines linearen Gleichungssystems in zwei Variablen berechnet werden kann. Aus algorithmischer Sicht ist es jedoch oft erforderlich, Schnittpunkte zwischen Strecken zu ermitteln. Dazu kann man den Schnittpunkt der korrespondierenden Geraden berechnen und dann testen, ob dieser Schnittpunkt jeweils innerhalb der Strecke liegt. Dabei kann es in der Praxis jedoch zu numerischen Problemen mit schleifenden Schnitten kommen. Die oben eingeführte Funktion cc() zur Berechnung der Orientierung eines Punkte-Tripels bietet uns hier eine elegante Lösung des Problems.

Gegeben sind zwei Strecken $[\mathbf{p}, \mathbf{q}]$ und $[\mathbf{r}, \mathbf{s}]$, die durch vier verschiedene Punkte $\mathbf{p}, \mathbf{q}, \mathbf{r}, \mathbf{s}$ in der Ebene definiert sind. Wir wollen nun wissen, ob sich die beiden Strecken $[\mathbf{p}, \mathbf{q}]$ und $[\mathbf{r}, \mathbf{s}]$ schneiden.

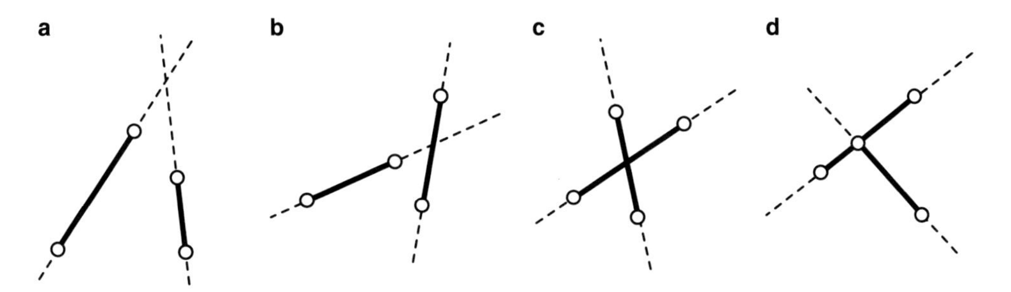

Abb. 1.7 Schnitt zweier Strecken: kein Schnitt bei **a** und **b**; normaler Schnitt bei **c** und Schnitt bei kollinearen Punkten bei **d**

Das Problem kann direkt auf die Berechnung der Orientierung von Punkte-Tripeln zurückgeführt werden, siehe Abb. 1.7. Ein Schnitt liegt genau dann vor, wenn für beide Strecken gilt, dass die beiden verbleibenden Punkte auf verschiedenen Seiten der zur Strecke korrespondierenden Geraden liegen. Es ergibt sich also ein Schnitt genau dann, wenn sowohl $(\mathrm{cc}(\mathbf{p}, \mathbf{q}, \mathbf{r}) \neq \mathrm{cc}(\mathbf{p}, \mathbf{q}, \mathbf{s}))$ als auch $(\mathrm{cc}(\mathbf{r}, \mathbf{s}, \mathbf{p}) \neq \mathrm{cc}(\mathbf{r}, \mathbf{s}, \mathbf{q}))$ gelten.

In Abb. 1.7a–c wird dieser Zusammenhang deutlich. Abbildung 1.7d zeigt den Spezialfall, bei dem der Endpunkt einer Strecke im Inneren der anderen Strecke liegt. Auch hier wird durch die beiden Ungleichungen korrekt ein Schnitt detektiert. Bei Bedarf kann diese Situation aber leicht erkannt werden, da genau einer der vier Aufrufe der Funktion cc() den Wert Null ergibt. Sind jedoch alle vier Punkte kollinear, so ergeben alle Abfragen Null, und es wird kein Schnitt erkannt. Dies spiegelt den Fall eventuell überlappender Intervalle auf einer einzelnen Geraden wieder, der – falls benötigt – getrennt behandelt werden muss.

Es sei abschließend angemerkt, dass die zur Robustheit und Speicherkomplexität gemachten Anmerkungen zur Funktion cc() analog auch für den beschriebenen Schnitt-Test zweier Strecken gilt.

1.5 Geometrische Transformationen

Eine sehr reichhaltige Klasse von geometrischen Transformationen lässt sich mit Hilfe von linearen Abbildungen des Raumes der homogenen Koordinaten $\mathbb{R}^{d+1}$ beschreiben.

Eine lineare Abbildung des Raumes $\mathbb{R}^{d+1}$ der homogenen Koordinaten wird durch Multiplikation mit einer $(d+1) \times (d+1)$-Matrix $A = (a_{ij})_{i,j=0,\dots,d}$ beschrieben,

$$\mathbb{R}^{d+1} \to \mathbb{R}^{d+1}: \quad \tilde{\mathbf{p}} \mapsto A\tilde{\mathbf{p}}: \quad \begin{pmatrix} \tilde{p}_0 \\ \tilde{p}_1 \\ \vdots \\ \tilde{p}_d \end{pmatrix} \mapsto \begin{pmatrix} \sum_{i=0}^d a_{0i}\tilde{p}_i \\ \sum_{i=0}^d a_{1i}\tilde{p}_i \\ \vdots \\ \sum_{i=0}^d a_{di}\tilde{p}_i \end{pmatrix}.$$

Die Menge der regulären Matrizen bildet die allgemeine lineare Gruppe $\mathrm{GL}(d+1)$, wobei die Hintereinanderausführung der linearen Abbildungen der Multiplikation der entsprechenden Matrizen entspricht. Mit C bezeichnen wir die normale Untergruppe der skalaren Vielfachen der Identität, d. h. der Einheitsmatrix I_{d+1}. Dabei sei die Multiplikation mit Null hier und im Folgenden stets ausgeschlossen.

Definition

Die **Gruppe der projektiven Abbildungen** $\mathrm{PGL}(d+1)$ ist die Faktorgruppe

$$\mathrm{GL}(d+1)/C$$

der Gruppe der allgemeinen linearen Gruppe $\mathrm{GL}(d+1)$ nach der Untergruppe C der skalaren Vielfachen der Identität. Jedes Element dieser Gruppe ist eine Äquivalenzklasse linearer Abbildungen, die durch alle skalaren Vielfachen einer Matrix A gebildet wird. Es wird als **reguläre projektive Abbildung** oder auch als **reguläre Kollineation**

$$\tilde{\pi}: \quad \bar{E}^d \to \bar{E}^d: \quad \tilde{\mathbf{p}} \mapsto \tilde{\pi}(\tilde{\mathbf{p}}) = A\tilde{\mathbf{p}} \tag{1.22}$$

bezeichnet. Analog dazu werden durch die Äquivalenzklassen der skalaren Vielfachen von singulären Matrizen A *singuläre projektive Abbildungen* definiert. Bei diesen Abbildungen ist das Bild aller Punkte, deren homogene Koordinatenvektoren im Kern der Matrix enthalten sind, nicht erklärt.

Für jede Matrix λI_{d+1} $(\lambda \neq 0)$ aus der Untergruppe C beschreiben die Matrizen A und $(\lambda I_{d+1})A$ dieselbe projektive Abbildung. Dies ist wohldefiniert, da sich die homogenen Koordinaten der Bilder eines Punktes $\tilde{\mathbf{p}}$

$$\tilde{\pi}(\tilde{\mathbf{p}}) = [(\lambda I_{d+1})A]\tilde{\mathbf{p}} = \lambda(A\tilde{\mathbf{p}})$$

ebenfalls nur um den Faktor λ unterscheiden. Beide homogene Koordinatenvektoren des Bildes von $\tilde{\mathbf{p}}$ spannen denselben eindimensionalen Unterraum des $\mathbb{R}^{d+1}$ auf und beschreiben folglich denselben Punkt.

Wir verwenden die Bezeichnung $\tilde{\pi} : \bar{E}^d \to \bar{E}^d$ für die in homogenen Koordinaten beschriebene projektive Abbildung. Andererseits kann die Abbildung natürlich auch mit kartesischen Koordinaten $\pi : E^d \to E^d$ dargestellt werden. Dabei ist der Definitionsbereich im Allgemeinen nur eine Teilmenge des E^d, da einige Punkte in Fernpunkte abgebildet werden.

Bei Verwendung kartesischer Koordinaten $\mathbf{p} = (p_1, \ldots, p_d)$ erhält man die kartesischen Koordinaten

$$\pi(\mathbf{p}) = \left(\frac{a_{10} + \sum_{i=1}^{d} a_{1i}p_i}{a_{00} + \sum_{i=1}^{d} a_{0i}p_i}, \frac{a_{20} + \sum_{i=1}^{d} a_{2i}p_i}{a_{00} + \sum_{i=1}^{d} a_{0i}p_i}, \ldots, \frac{a_{d0} + \sum_{i=1}^{d} a_{di}p_i}{a_{00} + \sum_{i=1}^{d} a_{0i}p_i} \right)^T \tag{1.23}$$

für das Bild des Punktes $\mathbf{p}$ bei der projektiven Abbildung π, siehe (1.22). Die kartesischen Koordinaten des Bildpunktes sind somit rationale lineare (bilineare) Funktionen der kartesischen Koordinaten des Urbildes, wobei die Nenner aller d Koordinaten übereinstimmen. Dieses Ergebnis erhält man, indem man zunächst die speziellen homogenen Koordinaten $(1, p_1, \ldots, p_d)^T$ des Urbildes mit der Matrix A multipliziert und anschließend das Ergebnis durch die nullte Koordinate

$$a_{00} + \sum_{i=1}^{d} a_{0i} p_i$$

des entstehenden Bildpunktes teilt.

Satz *Ist $\tilde{\mathbf{H}}$ der homogene Koordinatenvektor einer Hyperebene und $\tilde{\pi}$ eine reguläre projektive Abbildung, siehe (1.22), so gilt*

$$\tilde{\pi}(\tilde{\mathbf{H}}) = \tilde{\mathbf{H}} A^{-1}.$$

Beweis Wegen $\tilde{\mathbf{H}} A^{-1} A \tilde{\mathbf{p}} = \tilde{\mathbf{H}} \tilde{\mathbf{p}}$ inzidiert ein Punkt genau mit der Hyperebene $\tilde{\mathbf{H}}$, wenn sein Bildpunkt $A\tilde{\mathbf{p}}$ in der Bildhyperebene $\tilde{\mathbf{H}} A^{-1}$ enthalten ist. □

Die folgenden Kapitel werden sich mit Geometrien beschäftigen, die durch Untergruppen der Gruppe der projektiven Abbildungen erzeugt werden.

Definition

Eine projektive Abbildung

$$\tilde{\alpha}: \quad \bar{E}^d \to \bar{E}^d: \quad \tilde{\mathbf{p}} \mapsto \tilde{\alpha}(\tilde{\mathbf{p}}) = A\tilde{\mathbf{p}} \tag{1.24}$$

heißt **affine Abbildung**, falls sie durch eine Äquivalenzklasse von Matrizen beschrieben wird, die den Bedingungen

$$a_{00} \neq 0 \quad \text{und} \quad a_{01} = a_{02} = \ldots = a_{0d} = 0 \tag{1.25}$$

genügen.

Satz *Die regulären affinen Abbildungen bilden eine Untergruppe der Gruppe der projektiven Abbildungen.*

Beweis Zum Beweis überzeugt man sich davon, dass zu je zwei regulären Matrizen A und B, die den Bedingungen (1.25) genügen, auch die Matrizen $C = AB$ und A^{-1} affine Abbildungen beschreiben. Beispielsweise gilt für die Komponenten der ersten Zeile der Matrix C

$$c_{0i} = \sum_{j=0}^{d} a_{0j} b_{ji} = a_{00} b_{0i} + \sum_{j=1}^{d} a_{0j} b_{ji} = 0 \quad (i = 1, \ldots, d),$$

da $b_{0i} = 0$ und $a_{0j} = 0$ für $i, j = 1, \ldots, d$. Damit liefert die Verknüpfung zweier (nicht notwendigerweise regulärer) affiner Abbildungen wieder eine affine Transformation. □

Bei Verwendung kartesischer Koordinaten $\mathbf{p} = (p_1, \ldots, p_d)$ erhält man die kartesischen Koordinaten

$$\alpha(\mathbf{p}) = \left(\frac{a_{10} + \sum_{i=1}^{d} a_{1i} p_i}{a_{00}}, \frac{a_{20} + \sum_{i=1}^{d} a_{2i} p_i}{a_{00}}, \ldots, \frac{a_{d0} + \sum_{i=1}^{d} a_{di} p_i}{a_{00}} \right)^T$$

für das Bild des Punktes $\mathbf{p}$ bei einer affinen Abbildung α, siehe (1.23) und (1.25). Die kartesischen Koordinaten des Bildpunktes sind somit *lineare* Funktionen der kartesischen Koordinaten des Urbildes.

Mit den Abkürzungen

$$\vec{\mathbf{a}} = \frac{1}{a_{00}} \begin{pmatrix} a_{10} \\ \vdots \\ a_{d0} \end{pmatrix} \quad \text{und} \quad \hat{A} = \frac{1}{a_{00}} \begin{pmatrix} a_{11} & \ldots & a_{1d} \\ \vdots & \ddots & \vdots \\ a_{d1} & \ldots & a_{dd} \end{pmatrix} \tag{1.26}$$

lässt sich die Transformation der kartesischen Koordinaten kompakter in der Form

$$\alpha : \mathbf{p} \mapsto \alpha(\mathbf{p}) = \vec{\mathbf{a}} + \hat{A}\mathbf{p} \tag{1.27}$$

schreiben. Die Matrix A besitzt dann die Darstellung

$$A = \left(\begin{array}{c|ccc} a_{00} & 0 & \ldots & 0 \\ \hline & & & \\ a_{00}\vec{\mathbf{a}} & & a_{00}\hat{A} & \\ & & & \end{array} \right) = a_{00} \left(\begin{array}{c|ccc} 1 & 0 & \ldots & 0 \\ \hline & & & \\ \vec{\mathbf{a}} & & \hat{A} & \\ & & & \end{array} \right). \tag{1.28}$$

Durch eine weitere Einschränkung gewinnt man aus der Gruppe der affinen Abbildungen die Gruppen der Ähnlichkeiten sowie der Bewegungen.

Definition

Eine reguläre affine Abbildung

$$\beta : \quad \bar{E}^d \to \bar{E}^d : \quad \tilde{\mathbf{p}} \mapsto \beta(\tilde{\mathbf{p}}) = A\tilde{\mathbf{p}} \tag{1.29}$$

heißt **(euklidische) Ähnlichkeitstransformation**, falls die in (1.26) definierte Matrix $\hat{A}$ ein Vielfaches einer orthogonalen Matrix ist, d. h., falls

$$\hat{A}^T\hat{A} = (\det\hat{A})^2 I_d \tag{1.30}$$

gilt. Falls zusätzlich $\det A = 1$ bzw. $\det A = -1$ gilt, so heißt die Abbildung **eigentliche** bzw. **uneigentliche Bewegung**.

Selbstverständlich besitzen Ähnlichkeitstransformationen und Bewegungen erneut eine Darstellung der Form (1.27) in kartesischen Koordinaten, da es sich um spezielle affine Abbildungen handelt. Insbesondere sind die kartesischen Koordinaten eines Bildpunktes erneut lineare Koordinaten der kartesischen Koordinaten des Urbildes.

Satz *Die Ähnlichkeitstransformationen bilden eine Untergruppe der Gruppe der regulären affinen Abbildungen, die Bewegungen bilden eine Untergruppe der Gruppe der Ähnlichkeitstransformationen, und die eigentlichen Bewegungen bilden eine Untergruppe der Gruppe der Bewegungen.*

Beweis Man zeigt, dass zu je zwei Matrizen A und B, die Ähnlichkeitstransformationen, Bewegungen oder eigentliche Bewegungen beschreiben, auch die Matrizen $C = AB$ und A^{-1} die entsprechenden Abbildungen beschreiben. Beipielsweise erhält man für die Inverse der Matrix einer affinen Abbildung die Darstellung

$$A^{-1} = \frac{1}{a_{00}} \left(\begin{array}{c|ccc} 1 & 0 & \dots & 0 \\ \hline -\hat{A}^{-1}\vec{\mathbf{a}} & & \hat{A}^{-1} & \end{array} \right).$$

Falls (1.30) erfüllt ist, so folgt

$$\hat{A}^{-1} = \frac{1}{(\det\hat{A})^2}\hat{A}^T \quad \text{und} \quad (\hat{A}^{-1})^T\hat{A}^{-1} = (\det\hat{A}^{-1})^2 I_d.$$

Damit beschreibt A^{-1} genau dann eine Ähnlichkeit, Bewegung oder eigentliche Bewegung, wenn A eine solche Abbildung repräsentiert. □

Neben den in diesem Satz beschriebenen Untergruppen kann man noch orientierungserhaltende ($\det\hat{A} > 0$) und volumentreue ($\det\hat{A} = 1$) affine Abbildungen betrachten, die ebenfalls jeweils Untergruppen der affinen Gruppe bilden. Die verschiedenen Untergruppen der Gruppe der projektiven Abbildungen und ihre Beziehungen untereinander sind in Abb. 1.8 schematisch dargestellt.

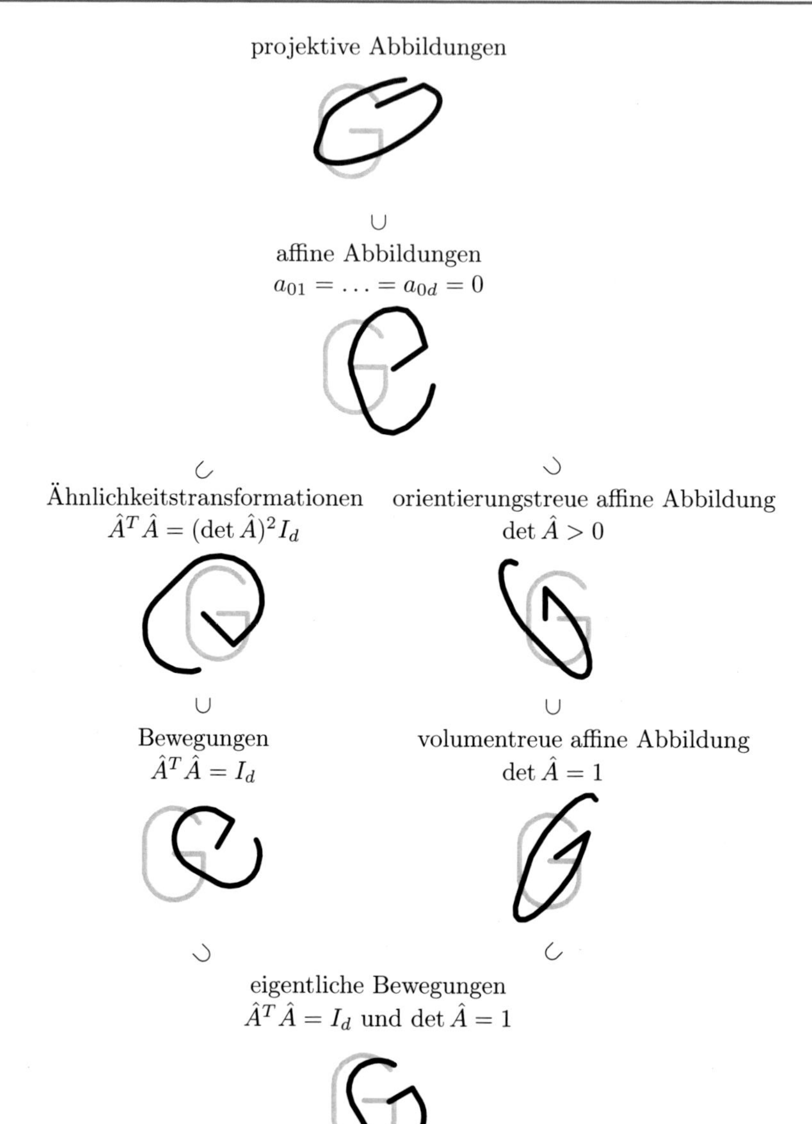

Abb. 1.8 Einige wichtige Untergruppen der Gruppe $\mathrm{PGL}(d+1)$ der projektiven Abbildungen. Die *schwarz gezeichneten Kurven* sind jeweils Bilder des *grau dargestellten Buchstaben G* bei einer typischen Abbildung der entsprechenden Untergruppe. Bewegungen und Ähnlichkeitstransformationen enthalten jeweils auch Spiegelungen, sind also im Allgemeinen nicht orientierungserhaltend

1.6 Aufgaben

1. Gegeben seien zwei Punkte durch homogene Koordinatenvektoren $\tilde{\mathbf{p}}$, $\tilde{\mathbf{q}}$, deren nullte Koordinaten $\tilde{p}_0$, $\tilde{q}_0$ jeweils positiv gewählt seien. Man zeige, dass dann der Punkt mit den homogenen Koordinaten $\tilde{\mathbf{p}} + \tilde{\mathbf{q}}$ die Verbindungsstrecke im Verhältnis $\tilde{q}_0 : \tilde{p}_0$ teilt!

Abb. 1.9 Vier Punkte in konvexer (*links*) und nicht-konvexer Lage (*rechts*)

2. Gegeben seien drei Punkte in der Ebene durch homogene Koordinatenvektoren $\tilde{\mathbf{p}}_i$, $i = 1, 2, 3$, jeweils mit positiven nullten Koordinaten, $\tilde{p}_{i,0} > 0$. Man zeige, dass sich die drei Geraden

$$\tilde{\mathbf{p}}_i \vee (\tilde{\mathbf{p}}_j + \tilde{\mathbf{p}}_k), \quad (i, j, k) \in \{(1,2,3), (2,3,1), (3,1,2)\}$$

in einem Punkt schneiden!
3. Gegeben seien vier Punkte im dreidimensionalen Raum durch homogene Koordinatenvektoren $\tilde{\mathbf{p}}_i$, $i = 1, 2, 3, 4$. Man zeige, dass sich die beiden Geraden

$$(\tilde{\mathbf{p}}_i + \tilde{\mathbf{p}}_j) \vee (\tilde{\mathbf{p}}_k + \tilde{\mathbf{p}}_l), \quad (i, j, k, l) \in \{(1,2,3,4), (2,3,4,1)\}$$

in einem Punkt schneiden!
4. Gegeben seien zwei nicht-parallele Geraden in der Ebene durch homogene Koordinatenvektoren $\tilde{\mathbf{G}}$, $\tilde{\mathbf{H}}$, die den Gleichungen

$$\tilde{G}_1^2 + \tilde{G}_2^2 = \tilde{H}_1^2 + \tilde{H}_2^2 = 1$$

genügen, also in Hessescher Normalform vorliegen. Man zeige, dass die homogenen Koordinaten $\tilde{\mathbf{H}} + \tilde{\mathbf{G}}$ eine der beiden Winkelsymmetralen (Winkelhalbierenden) beschreibt!
5. Geben Sie zu der in Aufgabe 2 formulierten Aussage die entsprechende duale Aussage für den Fall an, dass die drei homogenen Koordinatenvektoren der in Aufgabe 4 formulierten Bedingung genügen!
6. Ein oft benötigter algorithmischer Test für Punkte in der Ebene ist die Abfrage, ob vier gegebene Punkte in konvexer Lage liegen; siehe Abb. 1.9 für zwei mögliche Anordnungen von vier Punkten. Eine Punktmenge liegt dabei in konvexer Lage, wenn jeder Punkt der Menge durch eine Gerade von der restlichen Menge abgetrennt werden kann; vergleiche auch Abschn. 3.4 in Kap. 3 über konvexe Hüllen. Zeigen Sie, dass unter Verwendung der in Abschn. 1.4 eingeführten Funktion cc() folgender Zusammenhang gilt: Vier Punkte $\mathbf{p}$, $\mathbf{q}$, $\mathbf{r}$ und $\mathbf{s}$ sind genau dann in konvexer Lage, wenn $(\mathrm{cc}(\mathbf{p}, \mathbf{q}, \mathbf{r}) \cdot \mathrm{cc}(\mathbf{p}, \mathbf{q}, \mathbf{s}) \cdot \mathrm{cc}(\mathbf{p}, \mathbf{r}, \mathbf{s}) \cdot \mathrm{cc}(\mathbf{q}, \mathbf{r}, \mathbf{s})) > 0$ gilt.
7. Für $d = 2$ betrachten wir diejenigen projektiven Abbildungen, die durch Diagonalmatrizen $A = \mathrm{diag}(a_{00}, a_{11}, a_{22})$ mit drei nichtverschwindenden Diagonalelementen $a_{ii} \neq 0$ beschrieben werden. Zeigen Sie, dass diese eine Untergruppe der Gruppe $PGL(3)$ der projektiven Abbildungen bilden und ermitteln Sie die gemeinsamen Fixpunkte dieser Abbildungen!

Euklidische Geometrie

2

Euklidische Geometrie ist die anschaulichste Geometrie, da sie sich direkt mit den Eigenschaften von Objekten im Anschauungsraum beschäftigt. Neben der Untersuchung der Eigenschaften geometrischer Transformationen (Bewegungen und Ähnlichkeiten) in dieser Geometrie werden wir uns mit einer Konstruktion für aus Kreisbögen zusammengesetzten Spline-Kurven sowie mit Mittelachsen, Delaunay-Triangulierungen und Voronoi-Diagrammen auseinandersetzen.

2.1 Bewegungen und Ähnlichkeiten

In diesem und dem folgenden dritten Kapitel werden wir ausschließlich kartesische Koordinaten zur Beschreibung von Punkten verwenden.

Da Bewegungen und Ähnlichkeitstransformationen spezielle affine Abbildungen sind, besitzen sie eine Darstellung der Form (1.27). Zur besseren Unterscheidung der verschiedenen Größen werden wir die Bezeichnungen $\vec{\mathbf{v}} = \vec{\mathbf{a}}$ und $U = \hat{A}$ verwenden. Die Transformation (1.27) der kartesischen Koordinaten eines Punktes bei einer Ähnlichkeitstransformation wird durch die Abbildungsvorschrift

$$\beta : \mathbf{p} \mapsto \beta(\mathbf{p}) = \vec{\mathbf{v}} + U\mathbf{p} \tag{2.1}$$

beschrieben. Dabei ist die Matrix U stets ein (von der Nullmatrix verschiedenes) Vielfaches einer orthogonalen Matrix,

$$U^T U = (\det U)^2 I, \quad \det U \neq 0,$$

wobei I die $d \times d$-Einheitsmatrix ist. Gilt speziell $\det U = 1$ bzw. $\det U = -1$, so handelt es sich bei β um eine eigentliche bzw. uneigentliche Bewegung.

Zunächst ermitteln wir die Anzahl der *Freiheitsgrade* der Ähnlichkeiten und Bewegungen. Durch Einbettung der $d(d+1)$ Koordinaten des Vektors $\vec{\mathbf{v}}$ und der Matrix U in den

O. Aichholzer, B. Jüttler, *Einführung in die angewandte Geometrie*, Mathematik Kompakt,
DOI 10.1007/978-3-0346-0651-6_2,

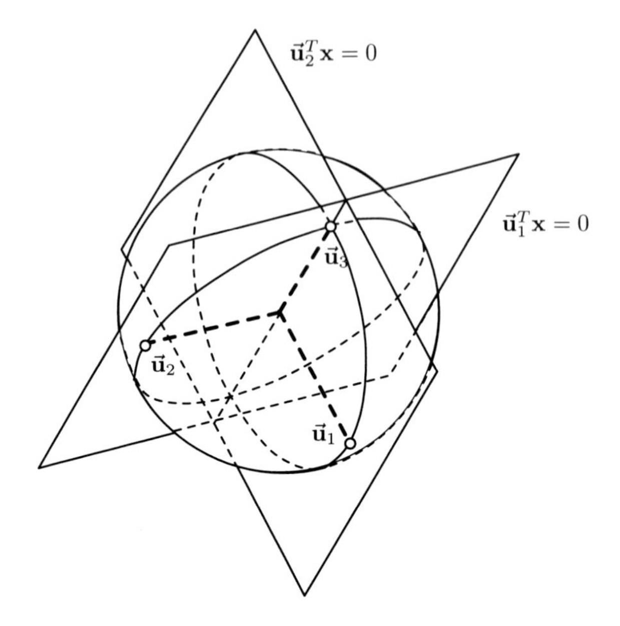

Abb. 2.1 Konstruktion der Spaltenvektoren einer orthogonalen 3×3-Matrix

$\mathbb{R}^{d(d+1)}$ lassen sich affine Abbildungen mit Punkten dieses Raumes identifizieren. Insbesondere bilden diejenigen Punkte, die den Bewegungen bzw. Ähnlichkeiten entsprechen, gewisse Untermannigfaltigkeiten dieses Raumes. Die Anzahl der Freiheitsgrade ist gerade die Dimension dieser Untermannigfaltigkeiten.

Zur Untersuchung der Anzahl der Freiheitsgrade einer Bewegung betrachten wir die d Spaltenvektoren

$$\vec{\mathbf{u}}_i = \begin{pmatrix} u_{1i} \\ \vdots \\ u_{di} \end{pmatrix}, \quad i = 1, \ldots, d, \tag{2.2}$$

der Matrix U. Diese Vektoren lassen sich als Koordinaten von Punkten auf der Kugel mit Radius $|\det U|$ und Mittelpunkt im Ursprung des Koordinatensystems auffassen. Die Richtungen dieser Vektoren entsprechen gerade den Fernpunkten, die man als Bilder der Fernpunkte der Achsen des kartesischen Koordinatensystems erhält. Die Matrix U ist genau dann orthogonal, wenn diese Kugel den Radius 1 besitzt und jeder dieser Vektoren orthogonal zu allen anderen Vektoren ist.

Zur Ermittlung der Anzahl der Freiheitsgrade einer orthogonalen Matrix betrachten wir eine spezielle Konstruktion für solche Matrizen, bei der die d Spaltenvektoren nacheinander gewählt werden. Für $d = 3$ wird diese Konstruktion durch Abb. 2.1 veranschaulicht.

Offensichtlich kann der erste Vektor als beliebiger Punkt auf der Kugel gewählt werden. Der zweite Vektor muss dann orthogonal zum ersten Vektor sein. Allgemein gilt, dass der i-te Spaltenvektor orthogonal zu den Vektoren $\vec{\mathbf{u}}_1, \ldots, \vec{\mathbf{u}}_{i-1}$ gewählt werden muss. Er genügt also den Gleichungen

$$\vec{\mathbf{u}}_j^T \vec{\mathbf{u}}_i = 0, \; j = 1, \ldots, i-1, \quad \text{und} \quad \vec{\mathbf{u}}_i^T \vec{\mathbf{u}}_i = 1. \tag{2.3}$$

Diese Gleichungen beschreiben eine $(d - i)$-dimensionale Kugel, die als Schnitt des zu den ersten $i - 1$ Spaltenvektoren orthogonalen Unterraums des E^d mit der Einheitskugel entsteht. Insbesondere bestehen für die Wahl des letzten Spaltenvektors ($i = d$) zwei Möglichkeiten. Jeweils eine davon führt auf eine eigentliche bzw. auf eine uneigentliche orthogonale Matrix.

Demnach stehen bei der Wahl des i-ten Spaltenvektors $(d - i)$ Freiheitsgrade für die Wahl des Punktes auf der entsprechenden Kugel zur Verfügung, die sich zu insgesamt

$$\sum_{i=1}^{d} (d - i) = \binom{d}{2}$$

Freiheitsgraden summieren.

Satz *Eine eigentliche bzw. uneigentliche Bewegung des E^d besitzt $d + \binom{d}{2}$ Freiheitsgrade. Die Anzahl der Freiheitsgrade der entsprechenden Ähnlichkeiten ist jeweils um 1 höher.*

Beweis Die Anzahl der Freiheitsgrade ergibt sich aus den d Koordinaten des Vektors $\vec{\mathbf{v}}$ und der Anzahl der Freiheitsgrade bei der Konstruktion der orthogonalen Matrix. Im Falle der Ähnlichkeiten kann noch der Faktor gewählt werden, mit dem die orthogonale Matrix multipliziert wird. □

Für Räume der Dimension $d = 2$ (Ebene) und $d = 3$ erhalten wir 3 bzw. 6 Freiheitsgrade.

Im nächsten Teil dieses Abschnitts geben wir *Normalformen* für eigentliche Bewegungen der Ebene und des dreidimensionalen Raumes an. Zunächst betrachten wir den Fall $d = 2$.

Satz *Bei Wahl eines geeigneten kartesischen Koordinatensystems besitzt jede eigentliche Bewegung der Ebene eine der beiden folgenden Normalformen:*

- *Fall 1 – Verschiebung: Es gilt $U = I$ und $\vec{\mathbf{v}} = (t, 0)^T$ wobei $t \in \mathbb{R}$ eine Konstante ist. Die Bewegung besitzt die Darstellung*

$$\tau(t) : \mathbf{p} \mapsto \begin{pmatrix} t \\ 0 \end{pmatrix} + \mathbf{p}. \tag{2.4}$$

- *Fall 2 – Drehung: Es gelten*

$$U = \begin{pmatrix} \cos\phi & -\sin\phi \\ \sin\phi & \cos\phi \end{pmatrix} \tag{2.5}$$

und $\vec{\mathbf{v}} = \vec{\mathbf{0}}$, *wobei* $\phi \in [0, 2\pi)$ *eine Konstante ist. Die Bewegung besitzt die Darstellung*

$$\delta(\phi) : \mathbf{p} \mapsto \begin{pmatrix} \cos\phi & -\sin\phi \\ \sin\phi & \cos\phi \end{pmatrix} \mathbf{p}. \tag{2.6}$$

Beweis Wir wenden zunächst die am Anfang dieses Abschnitts beschriebenen spaltenweise Konstruktion für orthogonale Matrizen auf den Fall $d = 2$ an. Der erste Spaltenvektor kann als beliebiger Punkt $\vec{\mathbf{u}}_1 = (\cos\phi, \sin\phi)^T$ auf dem durch den Winkel $\phi \in [0, 2\pi)$ parametrisierten Einheitskreis gewählt werden. Bei Wahl des zweiten Spaltenvektors führen die Gleichungen (2.3) auf die beiden möglichen Lösungen $u_2 = (\mp\sin\phi, \pm\cos\phi)^T$, von denen genau die erste eine eigentlich orthogonale Matrix (2.5) liefert. Im Weiteren unterscheiden wir die Fälle $\phi = 0$ und $\phi \neq 0$.

Im ersten Fall ist die Matrix U die Einheitsmatrix. Wir wählen die x_1-Achse des kartesischen Koordinatensystems so, dass ihre Richtung parallel zum Vektor $\vec{\mathbf{v}}$ ist, also $\vec{\mathbf{v}} = (t, 0)^T$ für einen gewissen Parameterwert $t \in \mathbb{R}$ gilt. In diesem Fall handelt es sich bei der Bewegung um eine Verschiebung mit der in Gleichung (2.4) angegebenen Normalform.

Im zweiten Fall existiert genau ein Fixpunkt $\mathbf{p}_0$ der Bewegung. In der Tat genügt dieser der Bedingung

$$\vec{\mathbf{0}} = \beta(\mathbf{p}_0) - \mathbf{p}_0 = \vec{\mathbf{v}} + U\mathbf{p}_0 - \mathbf{p}_0 = \vec{\mathbf{v}} + (U - I)\mathbf{p}_0,$$

und wegen

$$\det(U - I) = (\cos\phi - 1)^2 + (\sin\phi)^2 = 2 - 2\cos\phi \neq 0$$

besitzt dieses Gleichungssystem stets eine eindeutige Lösung. Wählt man das Koordinatensystem so, dass der Fixpunkt der Bewegung mit dem Koordinatenursprung zusammenfällt, so entsteht die in Gleichung (2.6) angegebene Normalform. □

Mit Hilfe der angegebenen Normalformen lassen sich die einparametrischen Untergruppen der ebenen Bewegungen angeben:

Satz *Die Verschiebungen mit fester Verschiebungsrichtung und die Drehungen mit fixem Drehzentrum bilden je eine einparametrische Untergruppe der Gruppe der eigentlichen Bewegungen der Ebene.*

Beweis Man überzeugt sich leicht davon, dass die Beziehungen

$$\tau(t_1) \circ \tau(t_2) = \tau(t_1 + t_2) \quad \text{und} \quad \tau(t)^{-1} = \tau(-t) \quad \text{sowie}$$
$$\delta(\phi_1) \circ \delta(\phi_2) = \delta(\phi_1 + \phi_2) \quad \text{und} \quad \delta(\phi)^{-1} = \delta(-\phi)$$

erfüllt sind. □

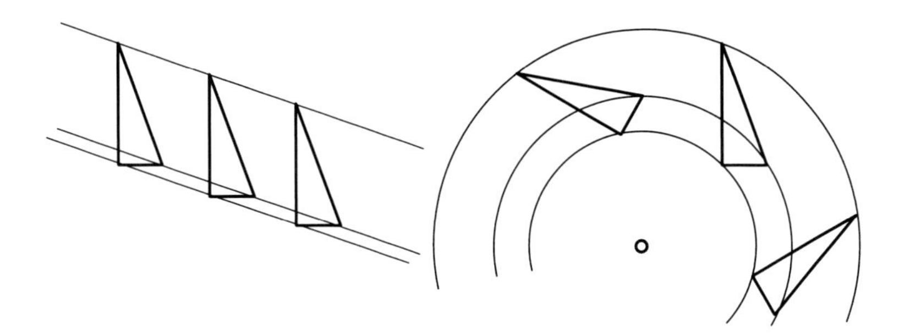

Abb. 2.2 Orbits von Punkten bei den einparametrischen Untergruppen der Verschiebungen mit fester Richtung (*links*) und der Drehungen mit fixem Zentrum (*rechts*)

Der Orbit eines Punktes bei einer Untergruppe der Bewegungsgruppe besteht aus allen Bildern dieses Punktes bei den in der Untergruppe enthaltenen Bewegungen. Im Falle der Verschiebungen mit fester Richtung sind die Orbits Geraden, während die Drehungen auf Kreise führen, siehe Abb. 2.2.

Für *uneigentliche Bewegungen der Ebene* lässt sich eine ähnliche Klassifizierung herleiten. Es handelt sich im allgemeinen Fall um sog. Gleitspiegelungen, bei denen eine Spiegelung an einer Geraden mit einer Verschiebung entlang dieser Geraden zusammengesetzt wird. Als Spezialfall erhält man Geradenspiegelungen. Die Hintereinanderausführung zweier uneigentlicher Bewegungen liefert stets eine eigentliche Bewegung. Beispielsweise liefert die Verknüpfung zweier Geradenspiegelungen an nichtparallelen Geraden eine Drehung, deren Zentrum der Schnittpunkt der beiden Spiegelachsen ist.

Die Klassifizierung der *eigentlichen Bewegungen im Fall* $d = 3$ lässt sich auf den ebenen Fall zurückführen. Dafür benötigen wir den folgenden Hilfssatz.

Lemma *Jede eigentlich orthogonale* 3×3*-Matrix besitzt den Eigenwert* 1.

Beweis Wir betrachten eine eigentlich orthogonale 3×3-Matrix U. Ihre drei Spaltenvektoren $\vec{\mathbf{u}}_1$, $\vec{\mathbf{u}}_2$ und $\vec{\mathbf{u}}_3$ (siehe (2.2)) sind Einheitsvektoren und bilden ein orthogonales Rechtssystem. Folglich gilt

$$\vec{\mathbf{u}}_i \times \vec{\mathbf{u}}_j = \vec{\mathbf{u}}_k \quad \text{für } (i,j,k) \in \{(1,2,3),(2,3,1),(3,1,2)\}. \tag{2.7}$$

Beispielsweise gilt für die erste Koordinate von $\vec{\mathbf{u}}_3$

$$u_{12}u_{23} - u_{13}u_{22} = u_{31}. \tag{2.8}$$

Zum Nachweis der Existenz des Eigenwertes zeigen wir, dass die Matrix $U - I$ singulär ist. Für die Determinante dieser Matrix gilt

$$\begin{aligned}\det(U-I) &= (u_{12}u_{23} - u_{13}u_{22})u_{31} + (u_{13}u_{21} - u_{11}u_{23})u_{32} + (u_{11}u_{22} - u_{12}u_{21})u_{33} \\ &\quad + u_{11} - (u_{22}u_{33} - u_{23}u_{32}) + u_{22} - (u_{11}u_{33} - u_{13}u_{31}) + u_{33} - (u_{11}u_{22} - u_{12}u_{21}) - 1.\end{aligned}$$

Die Summen in Klammern lassen sich mit Hilfe der Beziehung (2.8) (für die erste auftretende Summe) und analoger Identitäten vereinfachen. Man erhält

$$\det(U - I) = u_{31}^2 + u_{32}^2 + u_{33}^2 + u_{11} - u_{11} + u_{22} - u_{22} + u_{33} - u_{33} - 1.$$

Da mit U auch U^T eine orthogonale Matrix ist, besitzt auch der dritte Zeilenvektor der Matrix U die Norm 1 und es folgt $\det(U - I) = 0$. □

Zur Beschreibung der eigentlichen Bewegungen des Raumes genügt eine Normalform:

Satz *Bei Wahl eines geeigneten kartesischen Koordinatensystems besitzt jede eigentliche Bewegung des dreidimensionalen Raumes die Normalform*

$$\sigma(t,\phi) : \mathbf{p} \mapsto \underbrace{\begin{pmatrix} t \\ 0 \\ 0 \end{pmatrix}}_{=\vec{\mathbf{v}}} + \underbrace{\begin{pmatrix} 1 & 0 & 0 \\ 0 & \cos\phi & -\sin\phi \\ 0 & \sin\phi & \cos\phi \end{pmatrix}}_{=U} \mathbf{p} \tag{2.9}$$

mit geeigneten Konstanten $t \in \mathbb{R}$ und $\phi \in [0, 2\pi)$.

Beweis Wir wählen die x_1-Achse des kartesischen Koordinatensystems so, dass ihre Richtung mit der eines Eigenvektors zum Eigenwert 1 der eigentlich orthogonalen Matrix U zusammenfällt. Damit gilt für die erste Spalte der Drehmatrix $\vec{\mathbf{u}}_1 = (1, 0, 0)^T$. Der zweite Spaltenvektor kann als beliebiger Punkt $\vec{\mathbf{u}}_2 = (0, \cos\phi, \sin\phi)^T$ auf dem Einheitskreis in der Ebene $x_1 = 0$ gewählt werden. Durch die ersten beiden Spaltenvektoren ist der dritte Spaltenvektor eindeutig bestimmt und man erhält die in (2.9) angegebene Darstellung der Drehmatrix.

Wir betrachten nun diejenige Bewegung der Ebene, die durch die zweite und dritte Zeile der Matrix U und des Vektors $\vec{\mathbf{v}}$ beschrieben wird,

$$\mathbf{q} \mapsto \begin{pmatrix} v_2 \\ v_3 \end{pmatrix} + \begin{pmatrix} \cos\phi & -\sin\phi \\ \sin\phi & \cos\phi \end{pmatrix} \mathbf{q}.$$

Aus der Bewegung des Raumes erhält man die ebene Bewegung, indem man die räumliche Bewegung auf Punkte der (x_2, x_3)-Ebene anwendet und das Ergebnis anschließend orthogonal wieder in diese Ebene projiziert.

Für diese Bewegung erhält man durch die geeignete Wahl des Koordinatensystems wieder eine der in (2.4) und (2.5) angegebenen Normalformen. Im zweiten Fall führt dies direkt auf die Darstellung (2.9). Im ersten Fall – in dem die Matrix U die Einheitsmatrix ist – kann die x_1-Achse des Koordinatensystems parallel zur Richtung des Vektors $\vec{\mathbf{v}}$ gewählt werden, da dann jeder Vektor Eigenvektor zum Eigenwert 1 der Matrix U ist. Auch in diesem Fall erhält man daher die in (2.9) angegebene Darstellung. □

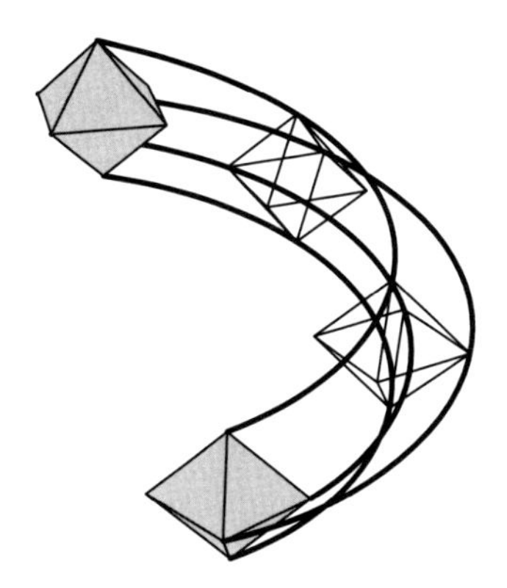

Abb. 2.3 Die Orbits von Punkten bei einer einparametrischen Untergruppe der eigentlichen Bewegungen sind Schraublinien

Bei der Bewegung (2.9) wird jeder Punkt zunächst durch den Winkel ϕ um die x_1-Achse gedreht und anschließend um die Länge t entlang dieser Achse verschoben. Eine eigentliche Bewegung des Raumes ist daher im Allgemeinen eine Schraubung mit einer beliebigen Geraden als Schraubachse. Als Spezialfälle erhält man Verschiebungen ($\phi = 0$) und Drehungen ($t = 0$).

Satz *Die Schraubungen mit fester Achse und konstantem Verhältnis der Parameter t und ϕ bilden jeweils eine einparametrische Untergruppe der Gruppe der eigentlichen Bewegungen des Raumes. Als Spezialfälle erhält man für $t = 0$ die Gruppe der Drehungen um eine fixe Drehachse und für $\phi = 0$ die Gruppe der Verschiebungen mit vorgegebener Richtung.*

Beweis Setzt man $t = as$ und $\phi = bs$ mit gewissen Konstanten a, b, so weist man leicht nach, dass die Beziehungen

$$\sigma(as_1, bs_1) \circ \sigma(as_2, bs_2) = \sigma(a(s_1 + s_2), b(s_1 + s_2)) \quad \text{und}$$
$$\sigma(as, bs)^{-1} = \sigma(-as, -bs)$$

erfüllt sind. □

Genau wie sich Geraden und Kreise als besondere ebene Kurven dadurch charakterisieren lassen, dass sie als Orbits von Punkten bei einparametrischen Untergruppen der Bewegungsgruppe entstehen, besitzen auch die entsprechenden Kurven für $d = 3$ eine spezielle Bedeutung. Hierbei handelt es sich um *Schraublinien*, siehe Abb. 2.3.

Uneigentliche Bewegungen des Raumes lassen sich auf ähnliche Weise untersuchen. Die Hintereinanderausführung zweier uneigentlicher Bewegungen liefert wieder stets eine eigentliche Bewegung. Beispielsweise liefert die Verknüpfung zweier Spiegelungen an nichtparallelen Ebenen eine Drehung, deren Achse die Schnittgerade der beiden Spiegelebenen ist.

Abschließend untersuchen wir kurz die *Invarianten* von Ähnlichkeiten und Bewegungen. Dabei wird der nicht-orientierte Winkel betrachtet, dessen Werte im Intervall $[0, \pi]$ liegen.

Satz *Ähnlichkeiten erhalten Winkel zwischen Geradensegmenten. Bei Bewegungen bleiben zusätzlich die Längen von Geradensegmenten invariant.*

Beweis Für die Länge des Geradensegmentes zwischen zwei Punkten $\mathbf{p}$ und $\mathbf{q}$ und ihren Bildern $\beta(\mathbf{p})$ und $\beta(\mathbf{q})$ bei einer Bewegung (2.1) gilt

$$\begin{aligned}\sqrt{[\beta(\mathbf{p})-\beta(\mathbf{q})]^T[\beta(\mathbf{p})-\beta(\mathbf{q})]} &= \sqrt{[U(\mathbf{p}-\mathbf{q})]^T[U(\mathbf{p}-\mathbf{q})]}\\ &= \sqrt{(\mathbf{p}-\mathbf{q})U^TU(\mathbf{p}-\mathbf{q})} = \sqrt{(\mathbf{p}-\mathbf{q})^T(\mathbf{p}-\mathbf{q})}.\end{aligned}$$

Analog überzeugt man sich von der Invarianz der Winkel zwischen Geradensegmenten. □

▶ **Bemerkung** Anstelle des gewohnten inneren Produktes

$$(\vec{\mathbf{u}}, \vec{\mathbf{v}}) \mapsto \vec{\mathbf{u}}^T I \vec{\mathbf{v}} = \vec{\mathbf{u}}^T \vec{\mathbf{v}},$$

dessen Wert (wie oben gezeigt) bei Bewegungen unverändert bleibt, kann man allgemeiner auch innere Produkte der Form

$$(\vec{\mathbf{u}}, \vec{\mathbf{v}}) \mapsto \vec{\mathbf{u}}^T D \vec{\mathbf{v}} \tag{2.10}$$

mit einer beliebigen (nicht notwendigerweise positiv definiten) symmetrischen regulären Matrix D betrachten. Insbesondere wird durch die geeignete Wahl des Koordinatensystems erreicht, dass D eine Diagonalmatrix mit Einträgen ± 1 ist. Analog zu den Bewegungen (2.1), welche das übliche innere Produkt erhalten, kann man die Transformationsgruppen untersuchen, die das allgemeinere innere Produkt (und damit auch die dadurch definierten Längen und Winkel) invariant lassen. Die Matrizen U dieser Transformationen genügen der Gleichung

$$U^T D U = D.$$

Beispielsweise führt die Betrachtung von Matrizen $D = (1, \ldots, 1, -1)$ auf die Minkowski-Geometrie[1] oder pseudoeuklidische Geometrie, die für die spezielle Relativitätstheorie von Bedeutung ist. Da die quadratische Form (2.10) nicht positiv ist, unterscheidet man je nach dem Wert von $\vec{\mathbf{v}}^T D \vec{\mathbf{v}}$ zwischen raumartigen, lichtartigen und zeitartigen Vektoren.

[1] Der deutsche Mathematiker Hermann Minkowski (1864–1909) leistete wesentliche Beiträge zur mathematischen Begründung der Relativitätstheorie.

2.2 Kreis-Splines

Nach Geraden bzw. Geradensegmenten bilden Kreise bzw. Kreisbögen die einfachste Klasse von Kurven bzw. Kurvensegmenten. Die Klasse dieser Kurven ist invariant unter Bewegungen und euklidischen Ähnlichkeitstransformationen. Durch das Zusammensetzen von Kreisbögen und Geradensegmenten lassen sich auch kompliziertere Kurven gut beschreiben. Eine solche zusammengesetzte Kurve wird als Kreis-Spline bezeichnet.

Diese Art der Kurvenbeschreibung besitzt zahlreiche Anwendungen, etwa bei der Steuerung von Werkzeugmaschinen (NC-Steuerung[2]). Vorteilhaft ist insbesondere die Tatsache, dass sich die Länge einer aus Kreisbögen und Geradensegmenten zusammengesetzten Kurve exakt und ohne die Verwendung numerischer Integrationsverfahren ermitteln lässt. Darüber hinaus kann man für jeden Punkt im Raum sehr einfach (durch Lösen einer quadratischen Gleichung) den am nächsten gelegenen Punkt auf einer solchen Kurve ermitteln.

Definition

Ein **Biarc** besteht aus einem Kreisbogen B_1 mit Anfangspunkt $\mathbf{p}_0$ und Endpunkt $\mathbf{q}$ und einem weiteren Kreisbogen mit Anfangspunkt $\mathbf{q}$ und Endpunkt $\mathbf{p}_1$, wobei beide Kreisbögen in $\mathbf{q}$ den gemeinsamen Tangentenvektor $\vec{\mathbf{t}}$ ($\|\vec{\mathbf{t}}\| = 1$) besitzen. Dabei werden Geradensegmente als Grenzfall von Kreisbögen betrachtet (für einen gegen unendlich strebenden Radius) und sind ebenfalls zugelassen.

In dieser Definition werden die beiden Kreisbögen jeweils als orientierte Kurven betrachtet. Diese sind im Punkt $\mathbf{q}$ so miteinander verbunden, dass die Tangenten übereinstimmen und auch dieselbe Orientierung besitzen.

Der folgende Satz beschreibt eine einfache Konstruktion für einen Biarc.

Satz *Zu je drei Anfangs- bzw. Endpunkten $\mathbf{p}_0$, $\mathbf{q}$, $\mathbf{p}_1$ und einem Tangentenvektor $\vec{\mathbf{t}}$ gibt es genau einen Biarc, falls der Punkt $\mathbf{p}_0$ nicht in der Halbgeraden*

$$\{\mathbf{q} + \lambda \mathbf{t} \mid \lambda \in \mathbb{R}, \lambda \geq 0\} \tag{2.11}$$

und der Punkt $\mathbf{p}_1$ nicht in der Halbgeraden

$$\{\mathbf{q} - \mu \mathbf{t} \mid \mu \in \mathbb{R}, \mu \geq 0\}$$

liegt.

Beweis Die beiden Punkte $\mathbf{p}_0$ und $\mathbf{q}$ und der Tangentenvektor $\vec{\mathbf{t}}$ bestimmen eindeutig den ersten Kreisbogen, falls $\mathbf{p}_0$ nicht auf der Halbgeraden (2.11) liegt. Analoges gilt für den zweiten Kreisbogen. □

[2] NC steht für Numerical Control.

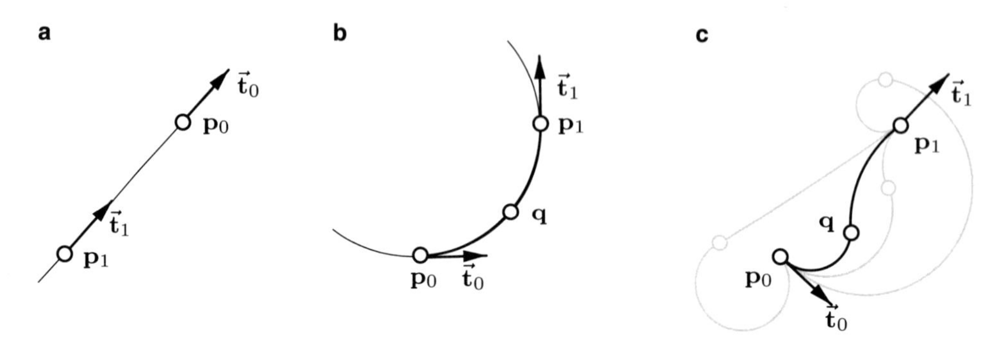

Abb. 2.4 Existenz interpolierender Biarcs für verschiedene Konfigurationen von Anfangs- und Endpunkt und der zugehörigen Tangentenvektoren

Damit besitzt ein Biarc insgesamt $4d - 1$ Freiheitsgrade, nämlich jeweils d für die Wahl der drei Punkte sowie zusätzlich $d - 1$ für die Wahl des Tangentenvektors.

Die wichtigste Eigenschaft eines Biarcs ist die Möglichkeit, den Anfangspunkt des ersten und den Endpunkt des zweiten Kreisbogens sowie die Tangentenvektoren in diesen beiden Punkten vorzugeben. Zur Interpolation dieser Daten werden $4d-2$ Freiheitsgrade benötigt, jeweils d für die beiden Punkte sowie $d-1$ für die beiden Tangentenvektoren. Man erwartet daher die Existenz einer Schar von Lösungen, die von einem frei wählbaren Parameter abhängt.

Die beiden folgenden Sätze beschreiben die Eigenschaften dieser Konstruktion im ebenen ($d = 2$) und räumlichen ($d = 3$) Fall. Für höhere Dimensionen gelten die Ergebnisse des zweiten Falles, da die beiden Punkte und die zugehörigen Tangenten dann einen höchstens dreidimensionalen Raum aufspannen und die Konstruktion auf den jeweils aufgespannten Raum beschränkt bleibt.

Satz *In der Ebene betrachten wir zwei Punkte* $\mathbf{p}_0$ *und* $\mathbf{p}_1$ *mit zugehörigen Tangentenvektoren* $\vec{\mathbf{t}}_0$ *und* $\vec{\mathbf{t}}_1$*, welche als normiert vorausgesetzt werden* ($\|\vec{\mathbf{t}}_0\| = \|\vec{\mathbf{t}}_1\| = 1$)*. Wir unterscheiden drei Fälle (siehe Abb. 2.4):*

(i) *Falls es ein Geradensegment von* $\mathbf{p}_1$ *nach* $\mathbf{p}_0$ *mit Anfangstangentenvektor* $\vec{\mathbf{t}}_1$ *und Endtangentenvektor* $\vec{\mathbf{t}}_0$ *gibt, so existiert kein interpolierender Biarc.*

(ii) *Gibt es einen Kreisbogen oder ein Geradensegment von* $\mathbf{p}_0$ *nach* $\mathbf{p}_1$*, bei denen der Anfangs- bzw. Endtangentenvektor mit* $\vec{\mathbf{t}}_0$ *bzw.* $\vec{\mathbf{t}}_1$ *übereinstimmt, so lässt sich dieser Kreisbogen bzw. dieses Geradensegment als Biarc beschreiben. Im ersten Fall kann auch der gesamte Kreis als Biarc beschrieben werden, wobei der Kreisbogen von* $\mathbf{p}_0$ *nach* $\mathbf{p}_1$ *zweimal durchlaufen wird.*

(iii) *Andernfalls gibt es stets eine Schar interpolierender Biarcs, die von einem frei wählbaren Parameter abhängt.*

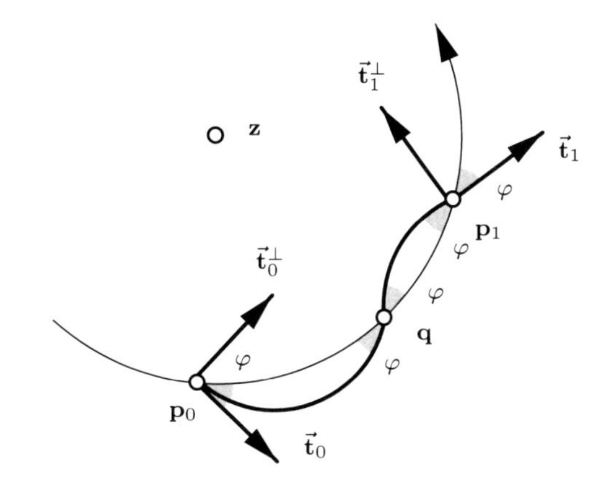

Abb. 2.5 Konstruktion eines Biarcs mittels derjenigen Bewegung (im Beispiel handelt es sich um eine Drehung mit Drehzentrum **z**), die die durch die Punkte $\mathbf{p}_i$ und die Vektoren $\vec{\mathbf{t}}_i$ und $\vec{\mathbf{t}}_i^\perp$ definierten kartesischen Koordinatensysteme ineinander überführt

Beweis Seien $\vec{\mathbf{t}}_0^\perp$ und $\vec{\mathbf{t}}_1^\perp$ diejenigen Vektoren, die aus $\vec{\mathbf{t}}_0$ und $\vec{\mathbf{t}}_1$ durch Rotation um $\pi/2$ entstehen. Durch die Punkte $\mathbf{p}_i$ und die beiden Vektoren $\vec{\mathbf{t}}_i$ und $\vec{\mathbf{t}}_i^\perp$, $i = 0,1$, ist jeweils ein kartesisches Koordinatensystem festgelegt, und es gibt eine eindeutig bestimmte Bewegung, die das erste Koordinatensystem ($i = 0$) in das zweite Koordinatensystem ($i = 1$) überführt, siehe Abb. 2.5. Diese Bewegung ist entweder eine Drehung oder eine Verschiebung.

Wir betrachten die durch die Bewegung erzeugte Bahnkurve des Ursprungs, bei der es sich entweder um einen Kreis oder ein Gerade durch die Punkte $\mathbf{p}_0$ und $\mathbf{p}_1$ handelt. Die orientierten Winkel φ_0, φ_1 zwischen der Bahnkurve und den beiden Tangentenvektoren stimmen überein, $\varphi = \varphi_0 = \varphi_1$.

Im Fall (iii) betragen diese Winkel weder 0 noch π. Für jeden Punkt $\mathbf{q}$ auf dieser Bahnkurve erhalten wir dann zwei Kreisbögen (oder Geradensegmente) von $\mathbf{p}_0$ nach $\mathbf{q}$ mit Anfangstangentenvektor $\vec{\mathbf{t}}_0$ und von $\mathbf{q}$ nach $\mathbf{p}_1$ mit Endtangentenvektor $\vec{\mathbf{t}}_1$. Da die Winkel zwischen zwei orientierten Kreisen in den beiden Schnittpunkten sich nur um das Vorzeichen unterscheiden, stimmen die orientierten Winkel zwischen jedem der Kreisbögen und der Bahnkurve überein und die beiden Kreisbögen bilden folglich einen Biarc.

Falls $\varphi = 0$ gilt, dann erhalten wir den zweiten Fall. Gilt dagegen $\varphi = \pi$, dann handelt es sich bei der Bahnkurve um eine Gerade, da sonst die entgegengesetzte Orientierung der Bahnkurve den Winkel Null liefern würde, und man erhält den ersten Fall. □

Die im Beweis beschriebene Konstruktion lässt sich zu einem Interpolationsalgorithmus für Biarcs ausbauen. Dazu muss man zunächst das Drehzentrum der verwendeten Bewegung finden, etwa als Schnittpunkt der Mittelsenkrechten der Geradensegmente von $\mathbf{p}_0$ nach $\mathbf{p}_1$ und von $\mathbf{p}_0 + \vec{\mathbf{t}}_0$ nach $\mathbf{p}_1 + \vec{\mathbf{t}}_1$. Anschließend muss der Punkt $\mathbf{q}$ auf der Bahnkurve gewählt werden, wofür sich beispielsweise der Mittelpunkt des kürzeren Kurvenbogens zwischen den beiden Endpunkten anbietet. Eine andere populäre Wahl stellt sicher, dass die Tangente des Biarcs im Zwischenpunkt $\mathbf{q}$ parallel zum Geradensegment von $\mathbf{p}_0$ nach $\mathbf{p}_1$ ist.

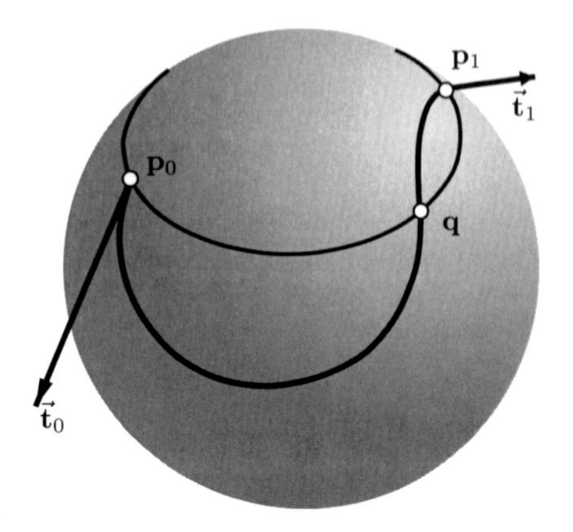

Abb. 2.6 Interpolierende Biarcs für nicht-ebene Daten und die im Beweis verwendete Kugel

Satz *Im Raum betrachten wir zwei Punkte $\mathbf{p}_0$ und $\mathbf{p}_1$ mit zugehörigen Tangentenvektoren $\vec{\mathbf{t}}_0$ und $\vec{\mathbf{t}}_1$, welche als normiert vorausgesetzt werden ($\|\vec{\mathbf{t}}_0\| = \|\vec{\mathbf{t}}_1\| = 1$). Wir setzen weiter voraus, dass die beiden Geraden $\mathbf{p}_i + \mathbb{R}\vec{\mathbf{t}}_i$ $(i = 0, 1)$ nicht in einer Ebene liegen. Dann gibt es stets eine Schar interpolierender Biarcs, die von einem frei wählbaren Parameter abhängt.*

Beweis Wir betrachten die drei Ebenen mit den Gleichungen

$$(\mathbf{x} - \mathbf{p}_0)^T\vec{\mathbf{t}}_0 = 0, \quad (\mathbf{x} - \mathbf{p}_1)^T\vec{\mathbf{t}}_1 = 0, \quad \text{und} \quad (2\mathbf{x} - \mathbf{p}_0 - \mathbf{p}_1)^T(\mathbf{p}_1 - \mathbf{p}_0) = 0.$$

Da die beiden Geraden $\mathbf{p}_i + \mathbb{R}\vec{\mathbf{t}}_i$ $(i = 0, 1)$ nicht in einer Ebene liegen, sind die drei Vektoren $\vec{\mathbf{t}}_0$, $\vec{\mathbf{t}}_1$, und $\mathbf{p}_1 - \mathbf{p}_0$ linear unabhängig, folglich besitzen die drei Ebenen einen eindeutig definierten Schnittpunkt $\mathbf{m}$. Dieser Schnittpunkt ist der Mittelpunkt der einzigen Kugel[3], welche durch $\mathbf{p}_0$ und $\mathbf{p}_1$ geht und die Geraden $\mathbf{p}_i + \mathbb{R}\vec{\mathbf{t}}_i$ $(i = 0, 1)$ als Tangenten besitzt, siehe Abb. 2.6. Die dritte Gleichung garantiert die Abstandsbedingung $\|\mathbf{m} - \mathbf{p}_0\| = \|\mathbf{m} - \mathbf{p}_1\|$, und die ersten beiden Gleichungen sichern die Tangenteneigenschaft.

Mit Hilfe des Kugelmittelpunktes bilden wir die vier Vektoren $\vec{\mathbf{n}}_i = (\mathbf{p}_i - \mathbf{m})/\|\mathbf{p}_i - \mathbf{m}\|$ und $\mathbf{b}_i = \vec{\mathbf{t}}_i \times \vec{\mathbf{n}}_i$ $(i = 0, 1)$. Durch die Punkte $\mathbf{p}_i$ und die drei Vektoren $\vec{\mathbf{t}}_i$, $\vec{\mathbf{n}}_i$ und $\vec{\mathbf{b}}_i$ $(i = 0, 1)$ ist jeweils ein kartesisches Koordinatensystem festgelegt, und es gibt eine eindeutig bestimmte eigentliche Bewegung, die das erste Koordinatensystem (für $i = 0$) in das zweite Koordinatensystem ($i = 1$) überführt. Diese Bewegung ist stets eine Drehung, da sie den Kugelmittelpunkt $\mathbf{m}$ als Fixpunkt besitzt. Die Achse der Drehung verläuft durch den Kugelmittelpunkt.

Wir betrachten die durch die Bewegung erzeugte Bahnkurve des Ursprungs, bei der es sich stets um einen Kreis durch die Punkte $\mathbf{p}_0$ und $\mathbf{p}_1$ handelt. Die bezüglich der Kugel orientierten Winkel φ_0, φ_1 zwischen diesem Kreis und den beiden Tangentenvektoren stimmen überein. Diese Winkel sind von Null verschieden, da andernfalls die beiden Geraden $\mathbf{p}_i + \mathbb{R}\vec{\mathbf{t}}_i$ $(i = 0, 1)$ in der durch den Kreis aufgespannten Ebene liegen würden.

[3] Eine genauere Bezeichnung wäre Kugelfläche bzw. Sphäre, da wir uns auf die Oberfläche beziehen.

Für jeden Punkt $\mathbf{q}$ auf dem Kreis erhalten wir zwei Kreisbögen von $\mathbf{p}_0$ nach $\mathbf{q}$ mit Anfangstangentenvektor $\vec{\mathbf{t}}_0$ und von $\mathbf{q}$ nach $\mathbf{p}_1$ mit Endtangentenvektor $\vec{\mathbf{t}}_1$. Beide Kreisbögen sind in der Kugel enthalten. Da die Winkel zwischen zwei orientierten Kreisen auf einer Kugel in den beiden Schnittpunkten sich nur um das Vorzeichen unterscheiden, stimmen die orientierten Winkel zwischen jedem der Kreisbögen und der Bahnkurve überein und die beiden Kreisbögen bilden folglich einen Biarc. □

Wieder lässt sich die im Beweis beschriebene Konstruktion zu einem Interpolationsalgorithmus für Biarcs ausbauen. Dazu muss man zunächst die Drehachse der verwendeten Bewegung finden, etwa als Schnittpunkt der Symmetrieebenen der Geradensegmente von $\mathbf{p}_0$ nach $\mathbf{p}_1$ und von $\mathbf{p}_0 + \vec{\mathbf{t}}_0$ nach $\mathbf{p}_1 + \vec{\mathbf{t}}_1$. Anschließend muss der Punkt $\mathbf{q}$ auf der Bahnkurve gewählt werden, wofür sich erneut der Mittelpunkt des kürzeren Kurvenbogens zwischen den beiden Endpunkten anbietet.

Zur Beschreibung einer allgemeinen Kurve mit Hilfe von Kreisbögen empfiehlt es sich, zunächst eine Folge von Punkten und zugehörigen Tangentenvektoren von der gegebenen Kurve abzugreifen, um diese anschließend wie beschrieben durch Biarcs zu interpolieren. Es lässt sich zeigen, dass der dabei auftretende Approximationsfehler bei entsprechender Verfeinerung von dritter Ordnung gegen Null konvergiert.

▶ **Bemerkung** Mit Hilfe von Spiegelungen an geeigneten Kugeln kann die Konstruktion von Biarcs im ebenen und räumlichen Fall vereinheitlicht und vereinfacht werden. Die Spiegelung an einer Kugel mit dem Mittelpunkt $\mathbf{m}$ und dem Radius r ordnet jedem Punkt $\mathbf{p}$ den Bildpunkt

$$\sigma(\mathbf{p}) = \mathbf{m} + \frac{r}{\|\mathbf{p} - \mathbf{m}\|^2}(\mathbf{p} - \mathbf{m})$$

zu, wobei das Bild des Kugelmittelpunktes undefiniert ist. Die Abbildung ist involutorisch, es gilt also $\mathbf{p} = \sigma(\sigma(\mathbf{p}))$. Man kann zeigen, dass diese Abbildung Kreise und Kugeln wieder auf Kreise und Kugeln abbildet, wobei Geraden und Ebenen als Kreise und Kugeln mit unendlichem Radius aufgefasst werden. Darüber hinaus ist die Abbildung winkeltreu.

Durch eine Spiegelung an einer geeigneten zweiten Kugel, deren Mittelpunkt auf der im Beweis des Satzes verwendeten Kugel liegen muss, lassen sich die gegebenen Punkte und Tangentenvektoren in eine Ebene transformieren. Nachdem der Biarc dort konstruiert wurde, erhält man durch erneute Anwendung der Spiegelung den Biarc im Raum. Zu beachten ist jedoch, dass die Spiegelung an der Kugel nicht längentreu ist und daher die Wahl des Punktes $\mathbf{q}$ als Mittelpunkt des Bahnkurvenbogens im Allgemeinen nicht erhalten bleibt.

Die durch die Hintereinanderausführung derartiger Spiegelungen sowie von Bewegungen entstehenden Abbildungen bezeichnet man als Möbius[4]-Transformationen. Zur korrekten Definition dieser Abbildungen identifiziert man alle Fernpunkte miteinander und ordnet dem Kugelmittelpunkt den so erhaltenen Fernpunkt als Bild zu.

[4] Der deutsche Mathematiker August Ferdinand Möbius (1790–1868) lehrte an der Universität Leipzig als Professor für höhere Mathematik und Astronomie.

2.3 Mittelachse

Bei der Analyse von geometrischen Formen (engl. shape analysis) ist es oft zielführend, eine geometrische Form auf ihre zentralen Eigenschaften zu reduzieren. Dazu verwendet man häufig eine innere Struktur, die Skelett (engl. skeleton) oder Mittelachse[5] genannt wird. Wir wollen vorerst den einfachen Fall von geometrischen Formen betrachten, die durch einen stückweise linearen Polygonzug begrenzt sind. Eine solche Form wird (einfaches) Polygon genannt, und die Komplexität entspricht der Anzahl n von Strecken bzw. Punkten, die den Rand des Polygons bilden.

Definition und Eigenschaften

Definition

Die **Mittelachse** eines Polygons ist die Menge aller Punkte des E^2 im Inneren des Polygons, die zu zwei oder mehr Punkten am Rand des Polygons minimalen Abstand haben.

Alternativ kann die Mittelachse auch als die Menge aller Mittelpunkte leerer, maximaler und offener Kreisscheiben im Inneren des Polygons definiert werden. Maximal bedeutet dabei, dass eine Kreisscheibe nicht vollständig in einer zweiten, ebenfalls leeren Kreisscheibe enthalten sein darf. Leer und offen bedeutet, dass Teile des Polygons zwar am Rand der Kreisscheibe, nicht aber im Inneren derselben liegen dürfen. Es ist leicht zu sehen, dass beide Definitionen äquivalent sind, siehe Abb. 2.7.

Da der Rand eines Polygons P aus Strecken und aus Punkten, in denen sich diese Strecken treffen, besteht, wird der Abstand eines Punktes $\mathbf{q} \in E^2$ im Inneren von P zu diesen Objekten gemessen. Ein Punkt der Mittelachse hat daher den gleichen Abstand zu mehreren Strecken und/oder Punkten von P. Die Mittelachse besteht also aus Kurven, die von Punkten aus E^2 im Inneren von P gebildet werden, die zu zwei Objekten den gleichen minimalen Abstand haben. Diese Kurven treffen sich in Punkten, die zu mehr als zwei Objekten den minimalen Abstand haben, bzw. enden an den Eckpunkten des Polygons, beinhalten diese aber nicht. Die Mittelachse ist also keine abgeschlossene Menge. Alternativ kann man die Mittelachse auch als abgeschlossene Struktur definieren, womit sie dann auch die Punkte von P beinhaltet.

Eine Kurve der Mittelachse wird vollständig von zwei Objekten definiert, und es gibt drei mögliche Kombinationen, nämlich Punkt-Punkt, Strecke-Strecke und Punkt-Strecke, wobei sich die Abstandsmessung bei Strecken immer auf das Innere (nicht auf die Endpunkte) der Strecke bezieht. In allen Fällen kann ein konvexer Punkt von P keine Rolle spielen, da er niemals den kürzesten Abstand zu $\mathbf{q}$ darstellen kann. Das heißt, im ersten Fall betrachten wir eine Kurve, die aus der Menge aller Punkte, welche zu zwei reflexen

[5] Der Begriff „medial axis" wurde erstmals 1967 von Harry Blum, einem Mitarbeiter der Air Force Cambridge Research Laboratories (Massachusetts), eingeführt, der damit biologische Strukturen untersucht hat.

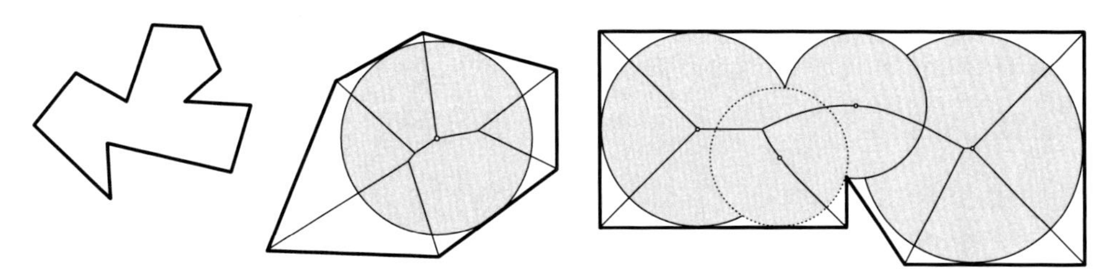

Abb. 2.7 Einfaches Polygon, Mittelachse eines konvexen Polygons und Mittelachse eines allgemeinen Polygons. Eingezeichnet sind mehrere maximale Kreisscheiben und deren Mittelpunkte

Punkten[6] von P den gleichen Abstand haben, besteht. Dies ist eine Gerade, die normal auf die Verbindungsstrecke der beiden Punkte steht und diese in der Mitte schneidet. Analog ist auch die Kurve, die man im Fall Strecke-Strecke erhält, ein Teil einer Geraden, solange sich die minimalen Abstände auf das Innere der beiden Strecken beziehen. In diesen beiden Fällen erhält man also gerade Strecken als Teile der Mittelachse. Am interessantesten ist daher der Fall Punkt-Strecke. Hier ergibt sich als Kurve ein Teil einer Parabel, siehe dazu auch Kap. 4, Abschn. 4.4 und 4.6. Die Parabel ist eine Kurve zweiter Ordnung, für die der gegebene Punkt der Brennpunkt und die gegebene Strecke Teil der Leitgeraden ist.

Ist das gegebene Polygon konvex (besitzt es also keine reflexen Punkte), dann spielen die Punkte keine Rolle für die Mittelachse, und daher besteht die Mittelachse ausschließlich aus geraden Strecken. Punkte auf einer Kurve der Mittelachse sind genau zu zwei Objekten gleich weit entfernt, Verzweigungspunkte zu drei oder mehr Objekten. Es ist leicht zu sehen, dass die Mittelachse eines Polygons eine Baumstruktur besitzt, da das Innere des Polygons ein einfach zusammenhängender Bereich ist. Die Blätter dieses Baumes entsprechen dabei den Punkten von P. Damit folgt unmittelbar, dass die Mittelachse aus maximal $2n-3$ Kurven besteht. Wenn alle Verzweigungen Grad drei haben, dann haben alle inneren Knoten des Baumes genau Grad drei, und ein solcher Baum mit n Blättern hat $2n-3$ Kanten. Existieren Verzweigungsknoten mit höherem Grad, so besitzt der Baum entsprechende innere Knoten mit höherem Grad und die Anzahl der Baumkanten reduziert sich.

Die Mittelachse eines simplen Polygons kann auch als Teil des Segment-Voronoi-Diagramms im Inneren des Polygons betrachtet werden. Vergleiche dazu die Definition des Voronoi-Diagramms in Abschn. 2.4, wobei anstatt der Punkte jetzt Strecken als Eingabe verwendet werden. Die Voronoi-Regionen im Inneren des Polygons entsprechen hier der Menge von Punkten, die zu einer Kante oder zum gemeinsamen Endpunkt zweier Kanten minimalen Abstand haben. Letzteres existiert nur, wenn dieser gemeinsame Eckpunkt reflex ist. Die Mittelachse kann dann als Menge der Trennlinien zwischen den Voronoi-Regionen betrachtet werden, analog zur Definition des Voronoi-Diagramms für Punkte.

[6] Ein Punkt eines Polygons heißt reflex, falls der entsprechende Innenwinkel größer als π ist.

Abb. 2.8 Mittelachse für einen durch Kreisbögen begrenzten einfach zusammenhängenden Bereich

Berechnung der Mittelachse Wenn die Begrenzung des gegebenen Bereichs nicht stückweise linear ist, so gelten alle bisher gemachten Beobachtungen weiterhin. Lediglich die Ordnung der entstehenden Kurvenstücke kann dabei steigen. Werden zur Begrenzung Kreisbögen verwendet, dann stellen die Kurven Teile von Kegelschnitten dar und haben daher maximal Ordnung 2. Abbildung 2.8 zeigt eine (vereinfachte) Mittelachse eines durch Kreisbögen begrenzten Bereiches. Im Folgenden geben wir einen Algorithmus an, der auf dem Divide-and-Conquer (Teile und Herrsche)-Prinzip beruht und auch für solche allgemeine, zusammenhängende Bereiche geeignet ist. Zur einfacheren Beschreibung beziehen wir uns weiterhin auf Polygone, erlauben dabei als Polygonkanten jedoch nicht nur gerade Strecken, sondern auch Kreisbögen.

Wir haben bereits gesehen, dass die Komplexität der Mittelachse proportional zur Größe des Polygons ist. Die Kurvenstücke der Mittelachse haben maximal Ordnung 2 und können daher, für zwei gegebene Objekte, ebenfalls in konstanter Zeit berechnet werden. Um die Mittelachse eines Polygons P effizient berechnen zu können, machen wir folgende Beobachtung: Eine maximale Kreisscheibe, die im Inneren von P liegt, teilt P in zwei Teile, deren jeweilige Mittelachsen unabhängig voneinander berechnet werden können. Die Verbindung dieser beiden Mittelachsen erfolgt genau beim Mittelpunkt dieser Kreisscheibe. Die Korrektheit dieser Aussage ergibt sich, da P einfach zusammenhängend ist. Dies führt nun unmittelbar zu folgendem Algorithmus.

1) Wähle eine maximale Kreisscheibe, die das gegebene Polygon in zwei Teile teilt.
2) Berechne rekursiv die Mittelachsen der beiden Teilprobleme.
3) Verbinde die beiden so berechneten Mittelachsen am Mittelpunkt der Kreisscheibe zur gemeinsamen Mittelachse von P.

Für die Effizienz des Algorithmus ist es entscheidend, wie schnell und gut die Teilung des Polygons in Teilpolygone erfolgt. Ist die Teilung gleichmäßig, so kann auf zwei wesentlich kleineren Teilproblemen weitergearbeitet werden, was eine geringere Laufzeit erwarten lässt. Bei asymmetrischer Aufteilung kann es jedoch vorkommen, dass ein Teilproblem nahezu dieselbe Komplexität aufweist wie das ursprüngliche Problem. Im nächsten Abschnitt werden wir dies näher betrachten.

Komplexität Um den Laufzeit- und Speicherbedarf von Algorithmen möglichst unabhängig von der verwendeten Hardware angeben zu können, bedient man sich in der Informatik des $\mathcal{O}$-Kalküls, auch $\mathcal{O}$-Notation (sprich „Groß Oh-Notation") genannt. Diese Notation werden wir für eine asymptotische Abschätzung verwenden, wie viel Zeit bzw. Speicher ein Algorithmus im schlimmsten Fall (*obere* Schranke) in Abhängigkeit von der Größe der Eingabe benötigt. Dabei werden konstante Faktoren vernachlässigt, relevant ist nur das Wachstum (z. B. linear, quadratisch, exponentiell, ...) des Ressourcenbedarfs. Für untere Schranken existiert eine analoge Notationen, die Ω-Notation. Falls untere und obere Schranken identisch sind, verwendet man die Θ-Notation. Da die folgenden Definitionen vom konkreten Einsatz unabhängig sind (Laufzeit- oder Speicherabschätzung, Abschätzung des asymptotischen Wachstums kombinatorischer Zusammenhänge etc.), werden wir uns im Weiteren zur Vereinfachung immer auf Laufzeitabschätzungen beziehen.

Seien n der Parameter, der die Größe der Eingabe darstellt (z. B. die Anzahl der Kanten eines Polygons), und $f(n) : \mathbb{N} \to \mathbb{R}$ eine Funktion, die den Rechenaufwand (Anzahl elementarer Rechenschritte) eines gegebenen Algorithmus in Abhängigkeit von n beschreibt. Dabei wird $f(n)$ für die meisten (nicht-trivialen) Algorithmen eine sehr komplexe und schwer zu beschreibende Funktion sein. Sei daher $g(n) : \mathbb{N} \to \mathbb{R}$ eine „einfache" Funktion, mit der man $f(n)$ nach oben abschätzen kann. Da man bei Algorithmen im Wesentlichen an deren Verhalten bei zunehmender Problemgröße interessiert ist, erhalten wir folgende formale Definition.

Definition ($\mathcal{O}$-Kalkül)

Seien $f(n), g(n) : \mathbb{N} \to \mathbb{R}$ Funktionen. Dann gilt $f(n) = \mathcal{O}(g(n))$, wenn $\exists c \in \mathbb{R}^+$ und $\exists n_0 \in \mathbb{N}$, sodass $\forall n \geq n_0 : |f(n)| \leq c|g(n)|$ gilt.

Diese Definition besagt, dass ab einer bestimmten Problemgröße n_0 die Funktion $f(n)$ bis auf eine multiplikative Konstante maximal so stark wächst wie die Funktion $g(n)$. Dabei ist die Schreibweise $f(n) = \mathcal{O}(g(n))$ keine echte Gleichung, sondern eine Abkürzung für die Aussage, dass $f(n)$ in der Klasse $\mathcal{O}(g(n))$ enthalten ist. Zum Beispiel gelten $\binom{n}{2} = \mathcal{O}(n^2)$, $2n^3 + n^2 \log n + 3n - 8 = \mathcal{O}(n^3)$ sowie $\sum_{i=0}^{n} 2^{-i} = \mathcal{O}(1)$, aber $n \log n \neq \mathcal{O}(n)$. Zu beachten ist dabei, dass die Schranken des $\mathcal{O}$-Kalküls nicht scharf sein müssen, d. h., $3n + 5 = \mathcal{O}(n^4)$ ist korrekt, da es sich eben nur um eine obere Schranke handelt. Man wird jedoch immer bemüht sein, möglichst gute (scharfe) Schranken anzugeben.

Man kann nun $g(n)$ verwenden, um einfache obere Komplexitätsschranken für Algorithmen anzugeben. Dabei ist es vor allem interessant, zu welcher Klasse die Schranke gehört, also ob ein Algorithmus linear, quadratisch oder gar exponentiell wachsende Zeit benötigt. Durchläuft ein Algorithmus z. B. eine Schleife $i = 1, \dots, n$ und muss in jedem Durchlauf $3n/i$ Schritte ausführen, so wäre $f(n) = \sum_{i=1}^{n} 3n/i$. Unter Verwendung des Wachstums der harmonischen Zahlen

$$H_n = \sum_{i=1}^{n} \frac{1}{i} = \mathcal{O}(\log n) \tag{2.12}$$

folgt $f(n) = \mathcal{O}(n \log n)$. Das heißt, dieser Algorithmus besitzt ein linear-logarithmisches Laufzeitverhalten.

Kommen wir nun zurück zur Analyse der Berechnung der Mittelachse. Es kann gezeigt werden, dass eine maximale Kreisscheibe, die das Polygon in zwei annähernd gleich große Teile teilt, in erwarteter Laufzeit $\mathcal{O}(n)$ gefunden werden kann (das Polygon P besteht aus n Elementen). Die Aufteilung in die beiden Teilprobleme kann ebenfalls in $\mathcal{O}(n)$ Schritten erfolgen. Das Zusammenfügen der beiden erhaltenen Teil-Mittelachsen ist trivial und kann daher in konstanter Zeit durchgeführt werden. Sei $T(n)$ die erwartete Laufzeit zur Berechnung der Mittelachse eines Polygons der Größe n. Wenn wir zur Vereinfachung annehmen, dass die beiden Teilpolygone jeweils aus genau $n/2$ Elementen bestehen, so ergibt unser Algorithmus eine rekursive Laufzeitgleichung der Form $T(n) = \mathcal{O}(n) + 2T(n/2)$. Wir können davon ausgehen, dass die Mittelachse für kleine Polygone (z. B. $n \leq 4$) in konstanter Zeit berechnet werden kann. Dann lässt sich die rekursive Zeitgleichung zu $T(n) = \mathcal{O}(n \log n)$ auflösen. Tatsächlich ist eine perfekte Teilung in zwei gleich große Hälften nicht immer möglich, wodurch sich eine etwas andere Zeitgleichung ergibt. Allerdings wird das Ergebnis dadurch nicht verändert, weshalb wir die Details hier nicht weiter betrachten. Eine ausführliche Analyse eines randomisierten Algorithmus kann im nächsten Abschnitt über Triangulierungen gefunden werden.

Wir fassen zusammen:

Satz *Die Mittelachse eines Polygons mit n Kanten kann in $\mathcal{O}(n \log n)$ erwarteter Laufzeit und $\mathcal{O}(n)$ Speicher berechnet werden. Dabei können die Kanten des Polygons Strecken oder Kreisbögen sein.*

Abschließend sei angemerkt, dass zur Berechnung der Mittelachse eines einfachen Polygons, dessen Kanten geradlinige Strecken sind, ein deterministischer Algorithmus mit Laufzeit $\mathcal{O}(n)$ und Speicher $\mathcal{O}(n)$ existiert. Auch kann die Mittelachse für höherdimensionale Körper analog definiert werden, jedoch wird deren Berechnung deutlich komplexer.

Zusammenhang zu Offsets Die Berechnung von Offsets zu gegebenen Formen ist ein zentrales Thema in vielen Bereichen der computergestützten Produktion. Sie werden z. B. zur Pfadplanung bei der mechanischen Bearbeitung von Objekten eingesetzt, aber auch zum Ermitteln von Toleranzbereichen rund um „Hindernisse". Wir beschreiben daher kurz den Zusammenhang zwischen Mittelachse und Offset-Berechnung im Inneren eines Polygons.

Der Offset eines Polygons P um den Abstand δ ist definiert als die Menge aller Punkte im Inneren von P, deren minimaler Abstand zu P genau δ beträgt. Sind die Kanten von P gerade Strecken, dann besteht der Offset aus Strecken und Kreisbögen, die sich um reflexe Punkte von P ergeben, siehe Abb. 2.9 (links). Wenn die Kanten von P auch Kreisbögen sind, dann ergeben sich dafür entsprechend auch im Offset Kreisbögen, siehe Abb. 2.9 (rechts).

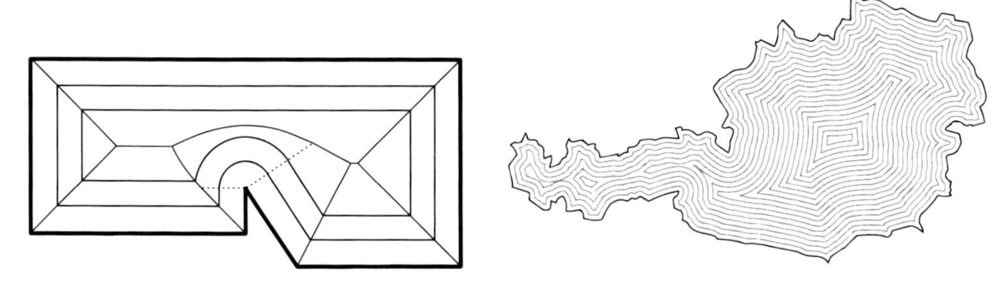

Abb. 2.9 Offset eines einfachen Polygons und eines allgemeinen, einfach zusammenhängenden Bereiches, jeweils für mehrere Distanzwerte

Bei der Berechnung des Offsets ist es notwendig zu wissen, welcher Teil des Offsets von welchem Teil aus P erzeugt wird. Genau dies ist aber in der Mittelachse kodiert, da die Kurven der Mittelachse exakt die Grenzen angeben, bis zu denen ein Teil des Offsets einem Teil von P zuzuordnen ist. Je nach Größe von δ kann es auch sein, dass eine Kante von P keinen Beitrag zum Offset leistet, da sie „verschwindet". Auch dies ist in der Baumstruktur der Mittelachse ersichtlich, da bei entsprechendem δ die untersten Blätter und Äste abgeschnitten werden. Kennt man also für ein einzelnes Segment von P ob, und – wenn ja – wo es einen Beitrag zum Offset leistet, dann kann dieser Beitrag in konstanter Zeit berechnet werden. Dies gilt auch, wenn Segmente Kurven konstanter Ordnung sind. Zusammen mit der Größe $\mathcal{O}(n)$ der Mittelachse ergibt sich, dass der Offset eines Polygons P um einen fixen Wert δ in $\mathcal{O}(n)$ Zeit berechnet werden kann, wenn die Mittelachse von P bereits bekannt ist.

2.4 Delaunay-Triangulierung

Triangulierungen[7] sind eine einfache, aber sehr weit verbreitete geometrische Datenstruktur. Eine Triangulierung einer Menge $\mathbf{P}$ von Punkten in der Ebene ist eine maximale Unterteilung der Ebene durch Strecken, die Punkte aus $\mathbf{P}$ verbinden, siehe Abb. 2.10 (rechts). Dabei bedeutet maximal, dass keine weitere Strecke hinzugefügt werden kann, ohne eine Kreuzung mit einer bestehenden Strecke zu erzeugen. Wie man anhand dieser Definition leicht sieht, wird durch eine Triangulierung das Innere der konvexen Hülle von $\mathbf{P}$ (vgl. Abschn. 3.4) in Dreiecke zerteilt, und die umgebene Fläche wird durch den Rand dieser konvexen Hülle begrenzt. Eine Triangulierung kann daher auch als maximaler, kreuzungsfreier, geradliniger Graph gesehen werden. Im Weiteren bezeichnen wir die Strecken der Triangulierung, die zwei Punkte verbinden, als „Kanten" der Triangulierung.

[7] Wir verwenden hier bewusst den originalen englischsprachigen Begriff, da die deutsche Übersetzung „Dreiecksnetz" in der Bedeutung eher dem englischen „mesh" entspricht. Im Unterschied zu Triangulierungen ist bei einem „mesh" jedoch das Hinzufügen zusätzlicher Punkte erlaubt. Dies führt zu ganz unterschiedlichen Problemstellungen und wird daher in diesem Abschnitt nicht betrachtet.

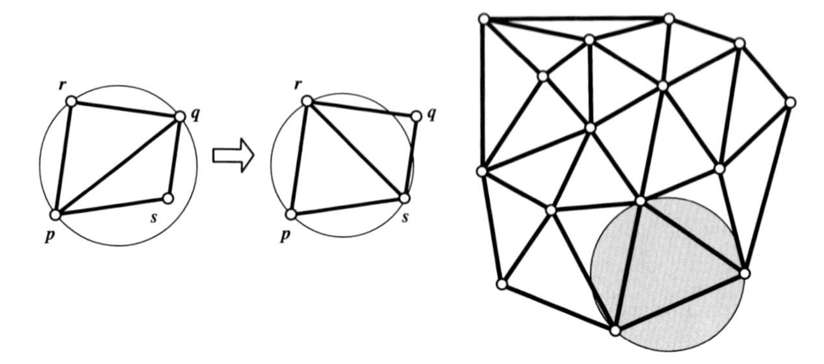

Abb. 2.10 Kantenflip einer ungültigen zu einer gültigen Kante und Delaunay-Triangulierung mit leerem Umkreis

Wie bereits erwähnt, haben Triangulierungen zahlreiche Anwendungen. So werden sie etwa zur Modellierung von Geländeflächen oder der Oberfläche von dreidimensionalen Objekten verwendet. Sie finden auf vielfältige Weise Einsatz in der angewandten Mathematik und Kombinatorik. Die Definition der Triangulierung einer Punktmenge **P** führt nicht auf eine eindeutig festgelegte, einzelne Struktur, sondern ergibt eine (exponentiell große) Menge an möglichen Triangulierungen für **P**. Daher ist es auch nicht überraschend, dass es viele verschiedene spezielle Klassen von Triangulierungen gibt, wie z. B. die „Greedy-Triangulierung", die „Minimum-Weight-Triangulierung" und die „Delaunay-Triangulierung". Letztere werden wir in den folgenden Abschnitten genauer betrachten. Zuerst wollen wir jedoch einen Zusammenhang zwischen der Größe der Punktmenge und der Anzahl der Kanten einer Triangulierung herleiten, der unabhängig von der speziell gewählten Triangulierung ist. Dazu sei **P** eine Menge von $n \geq 3$ Punkten in der Ebene, von denen h extremal, d. h. am Rand der konvexen Hülle von **P**, liegen (vgl. Abschn. 3.4). Um Spezialfälle zu vermeiden, nehmen wir an, dass alle Punkte in allgemeiner Lage sind, d. h., dass keine drei Punkte kollinear liegen.

Satz *Jede Triangulierung von* **P** *besitzt genau* $k = 3n - h - 3$ *Kanten und* $\Delta = 2n - h - 2$ *Dreiecke.*

Beweis Sei k_i die Anzahl der inneren Kanten der Triangulierung, d. h. Kanten, die nicht am Rand der konvexen Hülle liegen. Jede der k_i inneren Kanten ist inzident zu zwei Dreiecken der Triangulierung, jede der h Kanten am Rand der konvexen Hülle zu einem Dreieck. Da jedes Dreieck aus drei Kanten besteht, gilt $\Delta = \frac{2k_i+h}{3}$. Betrachtet man die Triangulierung als planaren[8] Graphen, so hat man damit n Knoten, $k = k_i + h$ Kanten und (inklusive der

[8] Ein Graph heißt planar, wenn er sich kreuzungsfrei in der Ebene zeichnen lässt.

umgebenden Fläche)

$$\Delta + 1 = \frac{2k_i + h}{3} + 1$$

Flächen. Aus dem Eulerschen Polyedersatz[9] folgen unmittelbar die angegebenen Zusammenhänge. □

Mit der Beobachtung, dass für jede Menge von mindestens drei Punkten, von denen drei nicht kollinear sind, $h \geq 3$ gilt, erhalten wir:

Folgerung *Jede Triangulierung einer Menge von n Punkten in der Ebene besitzt maximal* $3n - 6$ *Kanten und* $2n - 5$ *Dreiecke.*

Diese Folgerung besagt, dass die Anzahl der Kanten und der Dreiecke einer Triangulierung jeweils linear in der Größe der Punktmenge sind, also $k = \mathcal{O}(n)$ und $\Delta = \mathcal{O}(n)$ gilt. (Details zum $\mathcal{O}$-Kalkül wurden in Abschn. 2.3 behandelt.)

Der Grad eines Punktes in einer Triangulierung ist die Anzahl der Kanten der Triangulierung, die diesen Punkt verwenden. Da jede Kante genau zwei Punkte verwendet und wir n Punkte haben, ist der durchschnittliche Grad eines Punktes $\frac{2(3n-h-3)}{n} \leq \frac{2(3n-6)}{n} < 6$.

Folgerung *Der durchschnittliche Grad eines Punktes einer Triangulierung ist kleiner 6.*

Definition und Eigenschaften der Delaunay-Triangulierung Betrachtet man potenzielle Anwendungen von Triangulierungen, so wird schnell klar, dass nicht jede beliebige Triangulierung gleich gut für alle Anwendungen geeignet ist. Lange und dünne Dreiecke können etwa bei Oberflächentriangulierungen zu unerwünschten Artefakten führen, und extrem spitze Winkel können numerische Probleme bei Berechnungen hervorrufen. Man bevorzugt daher Triangulierungen, die aus möglichst gleichmäßigen Dreiecken ohne spitze Winkel bestehen. Im Folgenden betrachten wir daher die sog. Delaunay-Triangulierung[10] näher, die den minimalen auftretenden Winkel maximiert.

Sei $(\alpha_1, \alpha_2, \ldots, \alpha_{3\Delta})$ der Vektor aller Winkel, die in den Δ Dreiecken einer Triangulierung auftreten, wobei $\alpha_i \leq \alpha_{i+1}$, $1 \leq i < 3\Delta$ gilt. Unser Ziel, kleine Winkel in einer Triangulierung zu vermeiden, bedeutet, dass wir diesen sog. Winkelvektor maximieren

[9] Der Schweizer Mathematiker Leonhard Euler (1707–1783) wirkte in Sankt Petersburg und Berlin und gilt als einer der produktivsten Mathematiker überhaupt. Der Eulersche Polyedersatz besagt, dass zwischen den Zahlen v, f bzw. k der Knoten, Flächen bzw. Kanten eines ebenen Graphen der Zusammenhang $v + f - k = 2$ besteht.

[10] Die Delaunay-Triangulierung ist benannt nach der französischen Form des Nachnamens des russischen Bergsteigers und Mathematikers Boris Nikolajewitsch Delone (1890–1980), der diese erstmals 1934 beschrieb.

wollen. Hierzu betrachten wir eine *lexikographische* Ordnung auf der Menge aller Winkelvektoren und somit auch auf der Menge der Triangulierungen, d. h.,

$$(\alpha_1, \ldots, \alpha_{3\Delta}) > (\beta_1, \ldots, \beta_{3\Delta})$$

gilt genau dann, wenn

$$\exists n : \left(\forall_{i=1}^{n} : \alpha_i = \beta_i \text{ und } \alpha_{n+1} > \beta_{n+1}\right).$$

Der folgende klassische Satz von Thales[11] (auch bekannt als Peripheriewinkelsatz) wird dazu hilfreich sein.

Satz (Thales) *Sei C ein Kreis und* $\tilde{\mathbf{L}}$ *eine Gerade, die C in den Punkten* **a** *und* **b** *schneidet. Des Weiteren seien die Punkte* $\mathbf{p}_1$ *innerhalb von C,* $\mathbf{p}_2$ *auf C und* $\mathbf{p}_3$ *außerhalb von C, wobei alle drei Punkte auf derselben Seite von* $\tilde{\mathbf{L}}$ *liegen. Dann gilt* $(\angle \mathbf{a}\mathbf{p}_1\mathbf{b}) > (\angle \mathbf{a}\mathbf{p}_2\mathbf{b}) > (\angle \mathbf{a}\mathbf{p}_3\mathbf{b})$.

Wir betrachten nun eine innere Kante $e = [\mathbf{p}, \mathbf{q}]$ einer Triangulierung. Seien **r** und **s** die beiden verbleibenden Punkte der Dreiecke, die auf den beiden Seiten der Kante e liegen. Wenn die vier Punkte **p**, **q**, **r** und **s** ein konvexes Viereck bilden, dann kann durch Entfernen der Kante e und Einfügen der Kante $f = [\mathbf{r}, \mathbf{s}]$ eine veränderte Triangulierung erzeugt werden. Diese Operation nennen wir Kantenflip, siehe Abb. 2.10. Betrachten wir dabei alle in den Dreiecken einer Triangulierung auftretenden Winkel, so werden durch einen Kantenflip nur die sechs in den beiden angrenzenden Dreiecken liegenden Winkel verändert. Wir nennen die Kante e *ungültig*, wenn die von ihr erzeugte Triangulierung einen kleineren Winkelvektor besitzt als die von f erzeugte Triangulierung, und *gültig* anderenfalls. Wie wir später sehen werden, ist genau eine der beiden Kanten e oder f gültig, sofern die vier Punkte **p**, **q**, **r** und **s** nicht auf einem gemeinsamen Kreis liegen. Nur in diesem Fall sind beide Kanten gültig. Liegt e am Rand der Triangulierung oder ist e eine Kante, deren beide Dreiecke ein nicht konvexes Viereck bilden, so ist e jedenfalls gültig.

Definition

Eine **Delaunay-Triangulierung** einer Punktmenge ist eine Triangulierung, die nur aus gültigen Kanten besteht.

Aus dem bisher Betrachteten ist nicht offensichtlich, dass eine solche Triangulierung immer möglich ist. Folgender einfache Algorithmus berechnet jedoch eine Delaunay-Triangulierung und beweist damit ihre Existenz. Wir starten mit einer beliebigen Triangulierung der gegebenen Punktmenge. Solange eine ungültige Kante existiert, wenden wir

[11] Benannt nach Thales von Milet, der etwa 624–547 v. Chr. lebte und als einer der ersten griechischen Philosophen westlicher Tradition gilt.

darauf einen Kantenflip an. Der Algorithmus endet, wenn keine ungültige Kante mehr vorhanden ist.

Durch einen Kantenflip wird zwar immer eine ungültige Kante zu einer gültigen Kante getauscht, jedoch ändern sich dadurch auch zwei Dreiecke der Triangulierung und daher können bisher gültige Kanten ungültig werden. Da jedoch in jedem Schritt der Winkelvektor der Triangulierung bezüglich der lexikographischen Ordnung vergrößert wird und nur endlich viele verschiedene Winkel zwischen zwei durch die Punktmenge aufgespannten Strecken existieren, terminiert der Algorithmus nach endlich vielen Schritten. Das Resultat ist eine Triangulierung, die nur aus gültigen Kanten besteht, womit die Existenz einer Delaunay-Triangulierung bewiesen ist.

Tatsächlich kann gezeigt werden, dass dieser Algorithmus nach $\mathcal{O}(n^2)$ vielen Kantenflips terminiert, d. h., die Delaunay-Triangulierung kann in $\mathcal{O}(n^2)$ Zeit berechnet werden. Wir werden jedoch später einen effizienteren Algorithmus kennenlernen. Des Weiteren muss die Delaunay-Triangulierung nicht eindeutig sein. Wir werden später sehen, dass Eindeutigkeit garantiert ist, falls keine vier Punkte auf einem gemeinsamen Kreis liegen. Ist dies jedoch der Fall, so können beide kreuzende Kanten gültig sein. Da diese Konfiguration mehrfach und unabhängig voneinander auftreten kann, können für eine gegebene Punktmenge exponentiell viele Delaunay-Triangulierungen existieren. Zur Vereinfachung nehmen wir im Folgenden an, dass die Delaunay-Triangulierung eindeutig ist, d. h., dass keine vier Punkte auf einem gemeinsamen Kreis liegen.

Es sei hier noch angemerkt, dass die Delaunay-Triangulierung neben der Maximierung des minimalen Winkels bzw. des gesamten Winkelvektors noch zahlreiche weitere Optimalitätseigenschaften aufweist. So maximiert sie z. B. auch den minimalen und minimiert den maximalen Umkreisradius.

Der folgender Satz ermöglicht eine noch einfachere Beschreibung der Delaunay-Triangulierung, siehe auch Abb. 2.10.

Satz *Sei $e = [\mathbf{p}, \mathbf{q}]$ eine innere Kante einer Triangulierung und* **r** *und* **s** *die beiden verbleibenden Punkte der Dreiecke* **pqr** *und* **pqs** *der Triangulierung. Dann ist e genau dann gültig, wenn* **s** *außerhalb des Umkreises von* **pqr** *liegt.*

Der Satz folgt aus dem oben dargelegten Satz von Thales durch einfache Fallunterscheidung. Des Weiteren könnte der Satz natürlich vollkommen gleichwertig auch so formuliert werden, dass e gültig ist genau dann, wenn **r** außerhalb des Umkreises von **pqs** liegt. Wir verwenden diesen Satz nun, um die sog. „empty circle property" der Delaunay-Triangulierung zu zeigen.

Satz *Die Delaunay-Triangulierung einer Punktmenge ist jene Triangulierung, bei der für jedes Dreieck gilt, dass sein Umkreis keine weiteren Punkte der Punktmenge enthält.*

Beweis Wenn für zwei benachbarte Dreiecke gilt, dass ihr Umkreis jeweils leer ist, dann ist die gemeinsame Kante der Dreiecke per Definition gültig. Damit ist gezeigt, dass für eine Triangulierung, welche die „empty circle property" erfüllt, alle Kanten gültig sind, d. h., dass sie die Delaunay-Triangulierung ist. Nehmen wir an, dass eine Delaunay-Triangulierung vorliegt, d. h., dass alle Kanten gültig sind. Um einen Widerspruch zu erzeugen, nehmen wir außerdem an, dass ein Punkt **p** im Umkreis eines Dreiecks liegt. Der Punkt **p** kann nicht der Eckpunkt eines benachbarten Dreiecks sein, da sonst die gemeinsame Kante e nicht gültig wäre. Damit muss jedoch für e ein Dreieck existieren, in dessen Umkreis ebenfalls **p** liegt. Dieselbe Argumentation kann nun iterativ für jedes neue Dreieck verwendet werden und führt daher zu einer ungültigen Kante. Dies ist ein Widerspruch zur Definition der Delaunay-Triangulierung und daher folgt die "empty circle property". □

In diesem Satz ist die „empty circle property" eine globale Eigenschaft der Punktmenge, während die Definition einer gültigen Kante eine lokale (d. h. sich nur auf die zwei benachbarten Dreiecke beziehende) Eigenschaft ist. Aus den bisher gemachten Beobachtungen folgt jedoch auch direkt eine globale, hinreichende, aber nicht notwendige Bedingung für gültige Kanten.

Folgerung *Wenn für zwei Punkte* **p** *und* **q** *ein Kreis durch* **p** *und* **q** *existiert, der keine weiteren Punkte der Menge enthält, dann ist die Kante* $[\mathbf{p}, \mathbf{q}]$ *gültig.*

Analog zu Abschn. 1.4 können wir nun auch die Überprüfung, ob eine Kante gültig ist bzw. ob der Umkreis eines Dreiecks leer ist, auf die Berechnung von Determinanten zurückführen. Dabei testen wir, ob ein Punkt **s** im Inneren des Umkreises liegt, der durch die Punkte **p**, **q**, und **r** aufgespannt wird. Zur Vereinfachung nehmen wir an, dass die Punkte **p**, **q**, **r** die Ecken eines Dreiecks im Uhrzeigersinn sind und erhalten

$$\det\begin{pmatrix} p_1 & p_2 & p_1^2+p_2^2 & 1 \\ q_1 & q_2 & q_1^2+q_2^2 & 1 \\ r_1 & r_2 & r_1^2+r_2^2 & 1 \\ s_1 & s_2 & s_1^2+s_2^2 & 1 \end{pmatrix} \begin{cases} >0 & \mathbf{s} \text{ liegt im Inneren des Kreises,} \\ =0 & \mathbf{s} \text{ liegt am Kreis,} \\ <0 & \mathbf{s} \text{ liegt außerhalb des Kreises.} \end{cases} \tag{2.13}$$

Damit kann in konstanter Zeit getestet werden, ob eine Kante gültig ist. Die in Abschn. 1.4 zur Robustheit der Berechnung gemachten Anmerkungen gelten hier analog. Im folgenden Abschnitt können wir daher davon ausgehen, dass ein Kantenflip in $\mathcal{O}(1)$ Zeit durchgeführt werden kann.

Algorithmen und Komplexität Im Folgenden beschreiben wir nun einen effizienteren Algorithmus zur Berechnung der Delaunay-Triangulierung für eine Punktmenge **P**.

Dieser beruht auf dem Prinzip des iterativen Hinzufügens von Punkten. Wir starten dabei mit einem Dreieck, das durch drei zusätzliche Punkte gebildet wird und so groß ist, dass es alle Punkte von **P** im Inneren enthält. Wir berechnen zunächst die Delaunay-Triangulierung der Vereinigung dieses Dreiecks mit **P** und zeigen zum Schluss, wie wir daraus die Delaunay-Triangulierung von **P** erhalten.

Beginnend mit dem Startdreieck fügen wir nun die Punkte von **P** in das Innere der Triangulierung ein. Wenn der Punkt **s** eingefügt wird, fällt dieser in ein Dreieck **pqr** der bisherigen Triangulierung. Wir fügen nun die Kanten [**sp**], [**sq**] und [**sr**] hinzu, und erhalten damit eine um **s** erweiterte Triangulierung. Kanten, die nun **s** als neuen Dreieckspunkt haben, können jedoch ungültig geworden sein. Dies betrifft zum Einfügezeitpunkt potenziell die Kanten [**pq**], [**qr**] und [**rp**]. Wir wenden daher auf diese Kanten den Gültigkeitstest und bei Bedarf den Kantenflip an. Da dadurch weitere Kanten ungültig werden könnten, wird dies für alle Kanten, die **s** als neuen Dreieckspunkt erhalten, wiederholt, bis kein weiterer Kantenflip durchgeführt werden muss. Damit haben wir nun die aktuelle Delaunay-Triangulierung erhalten und können den nächsten Punkt einfügen.

Zwei Schritte in diesem einfachen Algorithmus müssen nun näher betrachtet werden. Für die Laufzeitanalyse ist es wichtig, wie viele Kanten pro eingefügtem Punkt auf Gültigkeit getestet und möglicherweise getauscht werden müssen und wie schnell wir das Dreieck finden können, in dem der eingefügte Punkt liegt.

Zur Abschätzung des ersten Punktes bedienen wir uns der Randomisierung der Eingabemenge, d. h., wir fügen die Punkte nicht in der gegebenen Reihenfolge ein, sondern in einer durch das Programm erzeugten Zufallsreihenfolge. Des Weiteren beobachten wir, dass die Anzahl der Kanten, die auf Gültigkeit getestet werden müssen, gleich dem Grad g des Punktes **s** in der resultierenden Delaunay-Triangulierung ist. Nur Kanten zwischen zwei zu **s** inzidenten Kanten können **s** als neuen Dreieckspunkt erhalten haben. Der Grad von **s** kann zwar in speziellen Fällen sehr groß sein, aber wir nutzen hier aus, dass die Punkte in zufälliger Reihenfolge eingefügt werden. Daher entspricht der Erwartungswert des Grades eines Punktes dem durchschnittlichen Grad eines Punktes der Triangulierung und ist daher, wie bereits gezeigt, mit sechs nach oben begrenzt. Das bedeutet, dass im Erwartungswert nur $\mathcal{O}(1)$ viele Kantenflips beim Einfügen eines Punktes durchgeführt werden müssen. Dies impliziert, dass im gesamten Verlauf des Algorithmus im Erwartungswert nur $\mathcal{O}(n)$ viele Kanten erzeugt und gelöscht werden. Da dies jeweils in konstanter Zeit möglich ist, benötigt dieser Teil des Algorithmus daher $\mathcal{O}(n)$ erwartete Zeit.

Es bleibt nun, die Lokalisierung des Punktes **s** zu betrachten. Alle Dreiecke der aktuellen Triangulierung darauf zu testen, ob sie **s** beinhalten, würde $\mathcal{O}(n)$ Schritte benötigen und daher gesamt zu einem Algorithmus mit $\mathcal{O}(n^2)$ Zeitbedarf führen. Wir bauen uns daher eine hierarchische Struktur auf, die ein schnelleres Lokalisieren erlaubt. Dazu verwenden wir direkt die im Lauf des Algorithmus erzeugten Dreiecke. Das heißt, beim Einfügen eines Punktes oder bei einem Kantenflip werden die ersetzten Dreiecke nicht gelöscht, sondern als „alt" markiert, und es wird ein Verweis von alten Dreiecken auf die neuen Dreiecke eingefügt. Konkret wird beim Einfügen eines Punktes vom alten Dreieck ein Link auf die drei neuen Dreiecke gesetzt, die zum eingefügten Punkt inzident sind. Beim Kantenflip wird von jedem der beiden alten Dreiecke jeweils auf die beiden neuen Dreiecke verwiesen. Dadurch entsteht eine hierarchische Struktur, in der man mit der Punktlokalisation beim Startdreieck beginnt und schrittweise zu den verlinkten Dreiecken weitergeht. In jedem Schritt muss man dabei die Lage des Punktes in den zwei oder drei verlinkten Dreiecken testen und dann die Suche auf dem gefundenen Dreieck fortsetzen. Dies wird wiederholt, bis man zu einem als nicht alt markierten Dreieck gelangt, womit die Suche erfolgreich beendet ist.

Da dieser Zugang in jedem Schritt konstante Zeit benötigt, ist die Suchzeit pro Punkt direkt proportional zur Anzahl durchlaufener Dreiecke. Wir analysieren daher nun den Erwartungswert der Anzahl von Dreiecken, die getestet werden müssen, wenn ein Punkt **s** in zufälliger Reihenfolge als i-ter Punkt eingefügt wird. Dazu betrachten wir die Situation, in der ein Punkt **p** vor **s** als j-ter Punkt eingefügt wird, $j < i$. Die Wahrscheinlichkeit, dass sich das Dreieck, innerhalb dessen sich **s** in der aktuellen Delaunay-Triangulierung befindet, durch das Einfügen von **p** geändert hat, ist gleich der Wahrscheinlichkeit, dass **p** einer der Eckpunkte dieses Dreiecks ist (da das Dreieck sonst bereits vor dem Einfügen von **p** existiert hat und damit unverändert geblieben ist). Dazu muss **p** aber genau einer von drei Punkten aus der Menge der bisher eingefügten j Punkte sein, d. h., das Dreieck hat sich mit Wahrscheinlichkeit $3/j$ geändert. Wegen der Linearität des Erwartungswertes ergibt sich nun der Erwartungswert der Anzahl veränderter Dreiecke als Summe der Wahrscheinlichkeiten zu $\sum_{j<i} 3/j \leq 3H_{i-1} = \mathcal{O}(\log i)$. Die H_i sind dabei die harmonischen Zahlen (siehe Gleichung (2.12)), von denen bekannt ist, dass sie logarithmisches Wachstum besitzen. Da in einem Einfügeschritt im erwarteten Fall bis zu sechs Kantenflips durchgeführt werden, muss der Erwartungswert der Anzahl veränderter Dreiecke noch mit 6 multipliziert werden, was aber asymptotisch keine Änderung bewirkt. Wegen $i \leq n$ ist damit der Erwartungswert für die Zeit zur Lokalisierung eines Punktes $\mathcal{O}(\log n)$. Die Gesamtzeit des Algorithmus zum Lokalisieren und Einfügen aller n Punkte beträgt daher $\mathcal{O}(n \log n)$.

Wie wir oben gesehen haben, beträgt die erwartete Anzahl von Kanten, die durch den Algorithmus gesamt generiert werden, $\mathcal{O}(n)$. Dies gilt natürlich auch für die Anzahl generierter Dreiecke. Daher ist der erwartete Speicherbedarf für die gesamte Suchstruktur ebenfalls $\mathcal{O}(n)$.

Wir müssen nun noch argumentieren, wie wir aus der gegebenen Delaunay-Triangulierung die Delaunay-Triangulierung von **P** erhalten, d. h., wie wir das umgebende Dreieck entfernen. Dazu bedienen wir uns des folgenden Ansatzes: Die Eckpunkte des umgebenden Dreiecks werden nur symbolisch betrachtet, d. h., wann immer ein Test auf Gültigkeit einer Kante einen Punkt des umgebenden Dreiecks betrifft, so wird dieser immer als außerhalb liegend gemeldet. Damit werden alle gültigen Kanten von **P** weiterhin als gültig gemeldet. Am Ende der Berechnung müssen daher nur alle Kanten, die zu einem der drei Punkte des umgebenden Dreiecks inzident sind, entfernt werden und man erhält die Delaunay-Triangulierung von **P**. Analog werden bei der Suche nach dem Dreieck, in welchem ein Punkt liegt, die Kanten des umgebenden Dreiecks als beliebig weit entfernt angenommen. Mit diesem Ansatz wird auch die Gefahr vermieden, dass das umgebende Dreieck zu große Koordinatenwerte erfordern könnte.

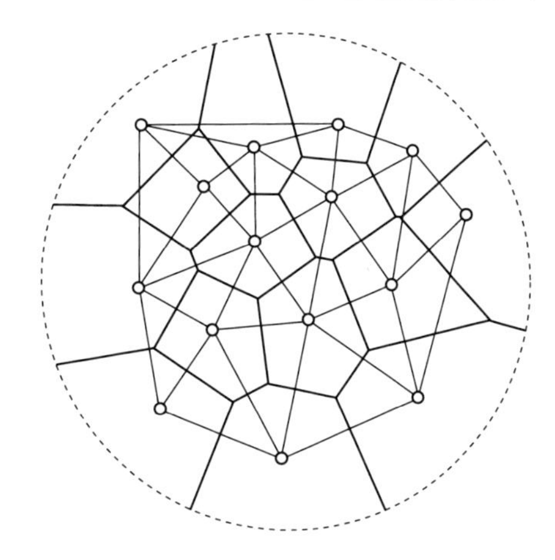

Abb. 2.11 Voronoi-Diagramm und Delaunay-Triangulierung der Punktmenge aus Abb. 2.10

Wir fassen zusammen:

Satz *Die Delaunay-Triangulierung einer Menge von n Punkten in der Ebene kann in $\mathcal{O}(n \log n)$ erwarteter Laufzeit und $\mathcal{O}(n)$ erwartetem Speicher berechnet werden.*

Voronoi-Diagramm und Dualität Das Voronoi-Diagramm[12] einer Punktmenge **P** ist eine weitere wichtige geometrische Datenstruktur, die zahlreiche Anwendungen besitzt. Für jeden Punkt $\mathbf{p} \in \mathbf{P}$ wird dabei die Voronoi-Region $V(\mathbf{p})$ definiert, die alle jene Punkte der Ebene E^2 enthält, welche näher zu **p** liegen als zu jedem anderen Punkt aus **P**. Die Menge aller Punkte aus E^2, die zu zwei oder mehr Punkten aus **P** gleich weit entfernt sind, trennt diese Regionen und definiert das Voronoi-Diagramm von **P**, siehe Abb. 2.11. Offensichtlich ist für zwei Punkte die Trennung der beiden Voronoi-Regionen eine Gerade. Daher besteht das Voronoi-Diagramm aus geraden Strecken (Kanten des Voronoi-Diagramms), die Punkte in E^2 verbinden, welche zu drei (oder mehr) Punkten aus **P** minimalen Abstand haben. Ein solcher Punkt aus E^2, in dem sich mehrere Kanten treffen, wird als Knoten des Voronoi-Diagramms bezeichnet. Wenn keine vier Punkte aus **P** auf einem gemeinsamen Kreis liegen, dann treffen sich in einem Knoten jeweils genau drei Kanten. Liegt ein Punkt aus **P** auf der konvexen Hülle von **P**, so ist seine Voronoi-Region nach außen unbeschränkt und die Trennung zur Voronoi-Region eines benachbarten Punktes, der ebenfalls auf der konvexen Hülle von **P** liegt, ist auch unbeschränkt.

Für eine Punktmenge **P** ergibt sich nun eine interessante Dualität zwischen dem Voronoi-Diagramm von **P** und der Delaunay-Triangulierung von **P**, siehe Abb. 2.11. Sind die Regionen $V(\mathbf{p})$ und $V(\mathbf{q})$ zweier Punkte im Voronoi-Diagramm von **P** benachbart, so

[12] Benannt nach dem russischen Mathematiker Georgi Feodosjewitsch Woronoi (1868–1908), dessen Arbeit über den n-dimensionalen Fall erst in seinem Todesjahr veröffentlicht wurde. Er betreute u. a. Boris Nikolajewitsch Delone, nach dem die Delaunay-Triangulierung benannt ist.

sind diese beiden Punkte in der Delaunay-Triangulierung von **P** durch eine Kante verbunden. Die Umkehrung gilt ebenfalls, d. h., die Kante des Voronoi-Diagramms, die $V(\mathbf{p})$ und $V(\mathbf{q})$ trennt, ist dual zur Kante, die **p** und **q** in der Delaunay-Triangulierung verbindet. Daraus folgt auch, dass ein Knoten des Voronoi-Diagramms genau einem Dreieck der Delaunay-Triangulierung entspricht, wobei die drei Kanten des Dreiecks zu den Kanten, die sich in diesem Knoten treffen, dual sind. Ein Punkt der Delaunay-Triangulierung entspricht einem Punkt in **P** und damit einer Region im Voronoi-Diagramm. Der Grad des Punktes in der Delaunay-Triangulierung ist daher gleich der Anzahl von Nachbarn der dualen Region im Voronoi-Diagramm. Im folgenden Satz wird diese Dualität bewiesen.

Satz *Für eine gegebene Menge* **P** *von Punkten sind zwei Punkte* $\mathbf{p}, \mathbf{q} \in \mathbf{P}$ *genau dann durch eine Kante in der Delaunay-Triangulierung von* **P** *verbunden, wenn ihre Regionen* $V(\mathbf{p})$ *und* $V(\mathbf{q})$ *im Voronoi-Diagramm von* **P** *benachbart sind.*

Beweis Wir nehmen zuerst an, dass die beiden Punkte **p** und **q** in der Delaunay-Triangulierung von **P** durch eine innere Kante $e = [\mathbf{p}, \mathbf{q}]$ verbunden sind. Dann haben die beiden zu e benachbarten Dreiecke jeweils einen leeren Umkreis. Verbindet man die Mittelpunkte dieser beiden Umkreise durch eine Strecke f, so ist jeder Punkt dieser Strecke von **p** und **q** gleich weit entfernt und jeder andere Punkt von **P** ist weiter entfernt (alle Kreise mit Mittelpunkt auf f, die durch **p** und **q** gehen, sind leer), d. h., f ist Teil des Voronoi-Diagramms von **P**. Darüber hinaus sind $V(\mathbf{p})$ und $V(\mathbf{q})$ bei f benachbart. Wenn $e = [\mathbf{p}, \mathbf{q}]$ eine Kante am Rand der konvexen Hülle der Delaunay-Triangulierung ist, dann sind $V(\mathbf{p})$ und $V(\mathbf{q})$ unbeschränkt und vom Mittelpunkt des Umkreises durch **p** und **q** nach außen hin benachbart. Damit ist die erste Richtung des Satzes bewiesen.

Seien nun $V(\mathbf{p})$ und $V(\mathbf{q})$ benachbarte Regionen im Voronoi-Diagramm von **P** mit der gemeinsamen Kante f. Auch wenn die beiden Regionen unbeschränkt sind, hat f zumindest einen Endpunkt **m**, der im Endlichen liegt. Der Kreis mit Mittelpunkt **m**, der durch **p** und **q** geht, ist leer, und daher ist $e = [\mathbf{p}, \mathbf{q}]$ eine gültige Kante und somit Teil der Delaunay-Triangulierung von **P**. □

Voronoi-Diagramme besitzen zahlreiche interessante Eigenschaften. Beispielsweise können die Voronoi-Regionen als Schnitte von (offenen) Halbebenen betrachtet werden, und sind daher immer konvex. Des Weiteren lassen sich Schranken für die Anzahl von Kanten und Knoten in einem Voronoi-Diagramm analog zu den Schranken für Triangulierungen herleiten, oder man benutzt einfach direkt die Dualität. Diese Dualität kann auch zur Konstruktion eines Voronoi-Diagramms mit Hilfe der Delaunay-Triangulierung verwendet werden. Jedoch gibt es auch zahlreiche optimale Algorithmen für die direkte Berechnung von Voronoi-Diagrammen. Analog zur Delaunay-Triangulierung lassen sich Voronoi-Diagramme auch auf höhere Dimensionen erweitern und finden dort, insbesondere in 3-D, zahlreiche Anwendungen, z. B. in der Datenanalyse.

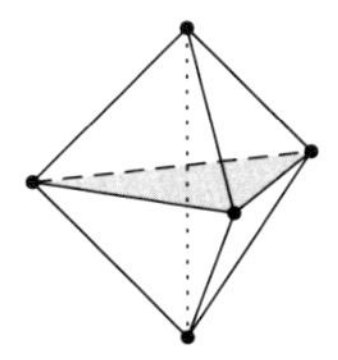
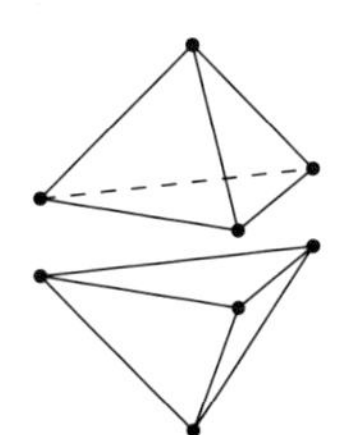
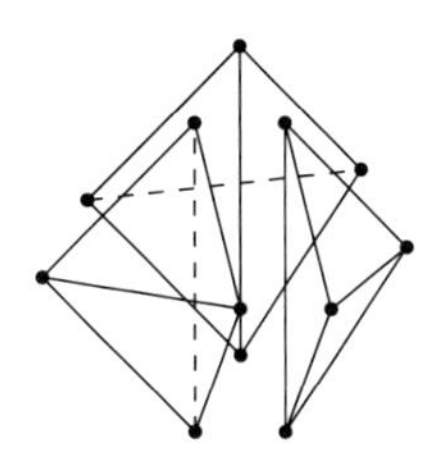

Abb. 2.12 Ein Flip in 3-D verändert die Anzahl von Tetraedern einer Triangulierung

3-D-Triangulierungen Die Definition von Triangulierungen kann auf höhere Dimensionen verallgemeinert werden. Man verwendet dazu die Eigenschaft, dass in 2-D die Fläche im Inneren der konvexen Hülle der gegebenen Punktmenge durch nicht-überlappende Dreiecke vollständig abgedeckt wird. Analog dazu wird im E^d der Raum im Inneren der konvexen Hülle durch nicht-überlappende d-dimensionale Dreiecke (d-Simplex) vollständig abgedeckt. In 3-D besteht eine Triangulierung aus Tetraedern, die sich nicht überlappen und deren Eckpunkte aus der gegebenen Punktmenge stammen, sodass der gesamte Raum im Inneren der konvexen Hülle abgedeckt ist. Auch die Definition der Delaunay-Triangulierung lässt sich leicht erweitern: Ein Tetraeder (d-Simplex) ist gültig, wenn seine Umkugel (Um-Hyperkugel) keinen weiteren Punkt aus der Menge enthält. Die Gültigkeit der Dreiecksflächen zwischen zwei Tetraedern kann analog definiert werden.

Im Gegensatz zu diesen einfachen Verallgemeinerungen lassen sich aber nicht alle Eigenschaften von zweidimensionalen Triangulierungen in höhere Dimensionen fortsetzen. So ist die 3-D-Version der Kantenflip-Operation der vorhergehenden Abschnitte wesentlich komplexer. Insbesondere kann sich durch einen Flip die Anzahl der Tetraeder einer Triangulierung ändern. Dies sieht man z. B. anhand einer senkrecht stehenden Doppelpyramide, siehe Abb. 2.12. Eine mögliche Triangulierung besteht dabei aus den beiden Tetraedern, die den oberen und unteren Teil bilden (obere und untere Pyramide). Tauscht man nun die horizontale Fläche, welche diese beiden Pyramiden trennt, so erhält man eine neue Triangulierung. Diese besteht aus drei senkrecht stehenden Tetraedern, die sich eine gemeinsame Kante teilen, welche den obersten mit dem untersten Punkt verbindet.

Das bedeutet, dass ein analoger Satz über die Anzahl von Tetraedern einer Triangulierung, wie er für den 2-D-Fall gemacht wurde, nicht möglich ist. Zwar kann für jede Punktmenge in 3-D eine Triangulierung mit maximal $3n - 7 = \mathcal{O}(n)$ Tetraedern konstruiert werden, und Punkte in konvexer Lage erlauben sogar eine Triangulierung mit nur $n - 3$ Tetraedern. Jedoch gibt es auch Punktmengen, die Triangulierungen mit $\binom{n-2}{2} = \mathcal{O}(n^2)$ Tetraedern besitzen. Dabei kann auch die Delaunay-Triangulierung aus quadratisch vielen Tetraedern bestehen, und daher kann kein Algorithmus zur Berechnung der Delaunay-Triangulierung in 3-D eine bessere obere Laufzeitschranke als $\mathcal{O}(n^2)$ besitzen. Tatsächlich gibt es mehrere verschiedene Algorithmen, die in $\mathcal{O}(n^2)$ Zeit die 3-D-Delaunay-Triangulierung berechnen. So lässt sich z. B. der vorgestellte inkrementelle Einfügealgorithmus auf 3-D erweitern, wobei sowohl der Kantenflip als auch die Suchstruktur entsprechend angepasst werden müssen.

Abschließend sei noch erwähnt, dass in 2-D die Delaunay-Triangulierung auch als Vertikalprojektion der unteren konvexen Hülle einer Menge von Punkten auf das elliptische Paraboloid $z = x^2 + y^2$ gewonnen werden kann.[13] Dabei werden zuerst die Punkte in 2-D auf das Paraboloid projiziert, dann wird die konvexe Hülle in 3-D berechnet (siehe Abschn. 3.4) und das Ergebnis anschließend als 2-D-Delaunay-Triangulierung zurückprojiziert. Dies kann analog in höheren Dimensionen durchgeführt werden, d. h., die Berechnung einer d-dimensionalen Delaunay-Triangulierung kann durch die Berechnung einer $(d+1)$-dimensionalen konvexen Hülle erfolgen. Algorithmen zur Berechnung der konvexen Hülle im E^d haben für $d = 2, 3$ eine Laufzeit von $\mathcal{O}(n \log n)$, aber $\mathcal{O}(n^{\lfloor d/2 \rfloor})$ für $d \geq 4$. Es kann gezeigt werden, dass diese oberen Schranken für die Laufzeiten nicht verbessert werden können. Dies liegt daran, dass die Beschreibungskomplexität der Delaunay-Triangulierung (d. h. die Anzahl aller Flächen verschiedener Dimension) für spezielle Punktmengen so groß sein kann. Zum Beispiel gibt es im E^3 Mengen von n Punkten, deren Delaunay-Triangulierung aus quadratisch vielen Kanten und Tetraedern besteht.

2.5 Aufgaben

1. Zeigen Sie, dass die Verknüpfung zweier Geradenspiegelungen der Ebene eine Drehung oder eine Verschiebung liefert. Wie müssen Sie die beiden Geraden wählen, damit eine Drehung mit einem vorgegebenen Zentrum und Drehwinkel bzw. eine Verschiebung um einen gegebenen Vektor entsteht?
2. Betrachten Sie die euklidischen Ähnlichkeitstransformationen β_t, die durch Multiplikation der kartesischen Koordinaten mit der Matrix

$$U = \begin{pmatrix} e^{ct}\cos t & -e^{ct}\sin t \\ e^{ct}\sin t & e^{ct}\cos t \end{pmatrix}, \quad t \in \mathbb{R}, \tag{2.14}$$

   beschrieben werden, wobei c eine beliebige Konstante ist, und zeigen Sie, dass diese Transformationen eine einparametrische Untergruppe der Gruppe der Ähnlichkeitstransformationen bilden. Ermitteln Sie die Orbits der Punkte und finden Sie heraus, um welche Art von Kurven es sich handelt.
3. Eine Drehung des Raumes mit dem Drehwinkel π wird als *Umwendung* bezeichnet. Betrachten Sie die Verknüpfung zweier Umwendungen, deren Achsen in einer Ebene liegen, und stellen Sie fest, um welche Bewegung es sich dabei handelt.
4. Zu drei gegebenen Punkten in der Ebene soll ein Dreieck konstruiert werden, dessen Kantenmittelpunkte die gegebenen Punkte sind. Wie kann man die Eckpunkte dieses Dreiecks finden, und was ändert sich, wenn vier statt drei Punkte gegeben sind und ein Viereck konstruiert werden soll?
5. Bei der Konstruktion eines Biarcs kann der Zwischenpunkt $\mathbf{q}$ so gewählt werden, dass die Tangente in diesem Punkt parallel zur Verbindungsgeraden der beiden Randpunkte ist. Wie muss der Zwischenpunkt konstruiert werden, um dieses Ergebnis zu erhalten? Leiten Sie eine geometrische Konstruktion für diesen Zwischenpunkt her.

[13] Wir verwenden hier das elliptische Einheits-Rotationsparaboloid.

6. Ermitteln Sie die Länge der Schraublinien, die als Orbits von Punkten bei Schraubungen mit dem Winkel $0 \leq \varphi \leq 2\pi$ und dem Schraubparameter $t = c\varphi$ entstehen, wobei c eine Konstante ist, in Abhängigkeit von der Entfernung zwischen dem erzeugenden Punkt und der Schraubachse.
7. Von einem gleichseitigen Dreieck in der Ebene sei der Eckpunkt **a** bekannt. Des Weiteren seien zwei Geraden gegeben, die je einen der beiden anderen Eckpunkte enthalten sollen. Wie kann man diese beiden Eckpunkte des gleichseitigen Dreiecks konstruktiv ermitteln?
8. Zeigen Sie, dass die Mittelachse eines konvexen Polygons aus linearen Elementen besteht, d. h. keine Kurven höherer Ordnung enthält.
9. Konstruieren Sie ein nicht-konvexes Polygon, dessen Mittelachse ebenfalls nur aus linearen Elementen besteht.
10. Zeigen Sie, dass alle Logarithmus-Funktionen gleiches asymptotisches Wachstum besitzen, d. h., dass $\log_A n = \mathcal{O}(\log_B n)$ für beliebige Basen $A, B > 1$ gilt.
11. Geben Sie für jede Kardinalität $n \geq 3$ eine Definition einer Punktmenge an, in der in jeder beliebigen Triangulierung (also auch in der Delaunay-Triangulierung) ein Punkt existiert, der zu allen anderen Punkten durch eine Kante verbunden ist.
12. Der minimale Spannbaum (MSB) einer Menge **P** von Punkten in der Ebene ist definiert als ein zusammenhängender und kreisfreier Graph, der die Summe der Kantenlängen minimiert. Dabei sind die Knoten des Graphen die Punkte aus **P** und die Kanten des Graphen Strecken, die Punkte aus **P** verbinden. Zeigen Sie, dass alle Kanten des MSB von **P** auch Kanten der Delaunay-Triangulierung von **P** sind.
13. Das Gewicht einer Triangulierung ist die Summe ihrer Kantenlängen. Die minimale Triangulierung einer Menge **P** von Punkten ist jene Triangulierung von **P**, die unter allen möglichen Triangulierungen von **P** ein minimales Gewicht besitzt. Zeigen Sie, dass es Punktmengen gibt, für welche die Delaunay-Triangulierung nicht die minimale Triangulierung ist.

Affine Geometrie 3

Eine erste Verallgemeinerung der euklidischen Geometrie, bei der man auf die Orthogonalität der Transformationsmatrix verzichtet, führt auf den Begriff der affinen Geometrie. Eine wichtige invariante Eigenschaft in dieser Geometrie betrifft die baryzentrischen Koordinaten eines Punktes bezüglich eines Simplexes (Dreieck oder Tetraeder für $d = 2$ oder 3) und das Teilverhältnis. Beide Begriffe besitzen Anwendungen bei der Konstruktion und Beschreibung von polynomialen Kurven, die ein wichtiges Werkzeug im Computer Aided Design (CAD) darstellen. Zum Abschluss dieses Kapitels werden Algorithmen zur Berechnung der konvexen Hülle einer Menge von Punkten vorgestellt.

3.1 Affine Abbildungen, baryzentrische Koordinaten und das Teilverhältnis

In diesem Abschnitt betrachten wir affine Abbildungen in der Form

$$\alpha : \mathbf{p} \mapsto \alpha(\mathbf{p}) = \vec{\mathbf{a}} + \hat{A}\mathbf{p}, \tag{3.1}$$

die bereits in (1.27) eingeführt wurde. Dabei ist $\vec{\mathbf{a}} \in \mathbb{R}^d$ ein Vektor und $\hat{A}$ eine $d \times d$-Matrix. Falls diese Matrix regulär ist, so ist die affine Abbildung ebenfalls regulär und besitzt eine eindeutig bestimmte Umkehrabbildung. Andernfalls ist die affine Abbildung singulär und besitzt keine Umkehrabbildung.

Zunächst ermitteln wir die Anzahl der *Freiheitsgrade* der affinen Abbildungen. Durch Einbettung der $d(d+1)$ Koordinaten des Vektors $\vec{\mathbf{a}}$ und der Matrix $\hat{A}$ wie in (3.1) in den $\mathbb{R}^{d(d+1)}$ lassen sich affine Abbildungen mit Punkten dieses Raumes identifizieren. Jeder Punkt dieses Raumes ist bijektiv einer affinen Abbildung zugeordnet.

O. Aichholzer, B. Jüttler, *Einführung in die angewandte Geometrie*, Mathematik Kompakt,
DOI 10.1007/978-3-0346-0651-6_3,

Satz *Eine affine Abbildung* α *des* E^d *besitzt* $d(d+1)$ *Freiheitsgrade. Durch Vorgabe der Bilder des Koordinatenursprungs* $\mathbf{u} = (0,\dots,0)^T$ *und der* d *Einheitspunkte*[1] $\mathbf{e}_i = (\delta_0^i,\dots,\delta_d^i)^T$ *auf den Koordinatenachsen* $(i = 1,\dots,d)$ *ist eine affine Abbildung eindeutig bestimmt.*

Beweis Die Anzahl der Freiheitsgrade ist durch die Anzahl der frei wählbaren Koeffizienten in $\vec{\mathbf{a}}$ und $\hat{A}$ festgelegt, diese beträgt $d(d+1)$. Man überzeugt sich weiter leicht davon, dass es eine eindeutig bestimmte affine Abbildung (3.1) gibt, die den Koordinatenursprung und die Einheitspunkte in vorgegebene Bildpunkte $\mathbf{u}'$ und $\mathbf{e}_i'$ $(i = 1,\dots,d)$ überführt. Die Abbildung ist gegeben durch den Vektor $\vec{\mathbf{a}} = \mathbf{u}'$ und durch die Matrix $\hat{A}$, deren Spalten die Differenzvektoren $\mathbf{e}_i' - \mathbf{u}'$ sind. □

Definition

Wir betrachten $d+1$ beliebige, aber fest gegebene Punkte $\mathbf{v}_0,\dots,\mathbf{v}_d$ im E^d in allgemeiner Lage.[2] Für einen beliebigen Punkt $\mathbf{x}$ im E^d gibt es eindeutig bestimmte Zahlen $\xi_0,\dots,\xi_d$, die den Gleichungen

$$\mathbf{x} = \sum_{i=0}^{d} \xi_i \mathbf{v}_i \quad \text{und} \quad \sum_{i=0}^{d} \xi_i = 1 \tag{3.2}$$

genügen. Diese werden als **baryzentrische Koordinaten** von $\mathbf{x}$ bezüglich des durch die fest gegebenen Punkte $\mathbf{v}_i$ festgelegten **baryzentrischen Koordinatensystems** bezeichnet.

Durch (3.2) wird das lineare Gleichungssystem

$$\begin{pmatrix} 1 & 1 & \cdots & 1 \\ v_{01} & v_{11} & \cdots & v_{d1} \\ \vdots & \vdots & \ddots & \vdots \\ v_{0d} & v_{1d} & \cdots & v_{dd} \end{pmatrix} \begin{pmatrix} \xi_0 \\ \xi_1 \\ \vdots \\ \xi_d \end{pmatrix} = \begin{pmatrix} 1 \\ x_1 \\ \vdots \\ x_d \end{pmatrix}$$

bestimmt, wobei $\mathbf{v}_i = (v_{i1},\dots,v_{id})^T$ die Koordinaten der fest gegebenen Punkte sind. Die Lösung des Systems sind die baryzentrischen Koordinaten des Punktes $\mathbf{x}$. Die Lösung ist eindeutig bestimmt, da die Koordinatenmatrix regulär ist: Ihre Spalten sind die homogenen Koordinatenvektoren der fest gegebenen Punkte $\mathbf{v}_i$ und diese wurden als in allgemeiner Lage vorausgesetzt.

[1] Hier ist $\delta_j^i = \begin{cases} 1 & \text{falls } i = j \\ 0 & \text{sonst} \end{cases}$ das Kronecker-Delta.

[2] Dies bedeutet, dass diese Punkte nicht in einer Hyperebene enthalten sind. Entsprechend der Definition am Beginn des zweiten Kapitels lässt sich das durch die lineare Unabhängigkeit der entsprechenden homogenen Koordinatenvektoren charakterisieren.

Die Lösungen lassen sich mit der Cramerschen[3] Regel ermitteln,

$$\xi_i = \frac{\det^+(\mathbf{v}_0,\ldots,\mathbf{v}_{i-1},\mathbf{x},\mathbf{v}_{i+1},\ldots,\mathbf{v}_d)}{\det^+(\mathbf{v}_0,\ldots,\mathbf{v}_{i-1},\mathbf{v}_i,\mathbf{v}_{i+1},\ldots,\mathbf{v}_d)}, \tag{3.3}$$

wobei wir die Abkürzung

$$\det^+(\mathbf{p}_1,\ldots,\mathbf{p}_d) = \det\begin{pmatrix} 1 & 1 & \cdots & 1 \\ p_{01} & p_{11} & \cdots & p_{d1} \\ \vdots & \vdots & \ddots & \vdots \\ p_{0d} & p_{1d} & \cdots & p_{dd} \end{pmatrix} \tag{3.4}$$

verwenden.

Falls der Punkt $\mathbf{x}$ in der von $\mathbf{v}_0,\ldots,\mathbf{v}_{i-1},\mathbf{v}_{i+1},\ldots,\mathbf{v}_d$ aufgespannten Hyperebene liegt, so gilt

$$\det^+(\mathbf{v}_0,\ldots,\mathbf{v}_{i-1},\mathbf{x},\mathbf{v}_{i+1},\ldots,\mathbf{v}_d) = 0$$

und folglich $\xi_i = 0$. Da die baryzentrischen Koordinaten linear von den Koordinaten x_i des Punktes abhängen, ist jede Koordinate ξ_i ein Vielfaches der Gleichung der Hyperebene durch die Punkte $\mathbf{v}_0,\ldots,\mathbf{v}_{i-1},\mathbf{v}_{i+1},\ldots,\mathbf{v}_d$, wobei sich die Gleichungen aller $d+1$ Hyperebenen zu 1 summieren.

Für $d = 2$ zeigt Abb. 3.1 die dabei entstehende Vorzeichenverteilung, durch die die Ebene in sieben Teilbereiche zerlegt wird.

Mit Hilfe der Darstellung (3.3) zeigen wir den folgenden Satz:

Satz *Die baryzentrischen Koordinaten eines Punktes sind affin invariant: Ist α eine reguläre affine Abbildung, so stimmen die baryzentrischen Koordinaten eines beliebigen Punktes $\mathbf{x}$ bezüglich der Punkte $\mathbf{v}_0,\ldots,\mathbf{v}_d$ mit denen des Punktes $\alpha(\mathbf{x})$ bezüglich der Punkte $\alpha(\mathbf{v}_0),\ldots,\alpha(\mathbf{v}_d)$ überein.*

Beweis Für eine affine Abbildung der Form (3.1) gilt

$$\det^+(\vec{\mathbf{a}} + \hat{A}\mathbf{p}_1,\ldots,\vec{\mathbf{a}} + \hat{A}\mathbf{p}_d) = \det(\hat{A})\det^+(\mathbf{p}_1,\ldots,\mathbf{p}_d), \tag{3.5}$$

da die Beziehung

$$\begin{pmatrix} 1 \\ \vec{\mathbf{a}} + \hat{A}\mathbf{p}_i \end{pmatrix} = \begin{pmatrix} 1 & 0\ldots0 \\ \vec{\mathbf{a}} & \hat{A} \end{pmatrix}\begin{pmatrix} 1 \\ \mathbf{p}_i \end{pmatrix}$$

[3] Der Genfer Mathematiker Gabriel Cramer (1704–1752) veröffentlichte 1750 im Anhang eines Buches die nach ihm benannte Formel zur Lösung linearer Gleichungssysteme und gab damit den Anstoß zur Entwicklung des Begriffs der Determinante.

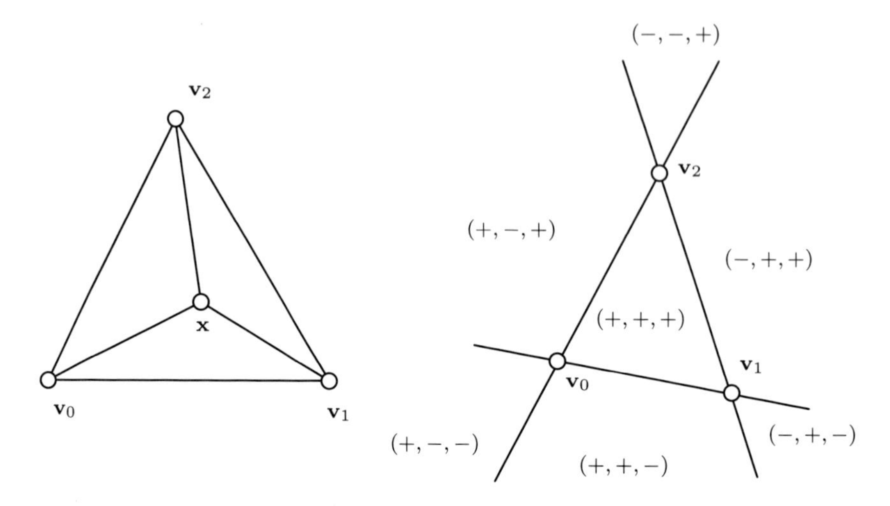

Abb. 3.1 Zur Definition der baryzentrischen Koordinaten (ξ_0, ξ_1, ξ_2) in der Ebene (*links*) und Vorzeichenverteilung (*rechts*)

gilt und die Matrix, mit der die Spaltenvektoren multipliziert werden, die Determinante $\det \hat{A}$ besitzt. Aus dieser Beziehung folgt unmittelbar die affine Invarianz der baryzentrischen Koordinaten, da sowohl Zähler als auch Nenner in (3.3) mit $\det \hat{A}$ multipliziert werden. □

▶ **Bemerkung** Teilt man den in (3.4) definierten Ausdruck durch $d!$, so erhält man das orientierte Volumen des durch die $d+1$ Punkte bestimmten Simplexes[4]. Aus (3.5) folgt unmittelbar, dass dieser Ausdruck gegenüber volumentreuen affinen Abbildungen – also insbesondere bei eigentlichen Bewegungen – invariant ist und bei uneigentlichen Bewegungen sein Vorzeichen wechselt. Damit erhält man eine geometrische Interpretation der baryzentrischen Koordinaten als Verhältnisse der orientierten Volumen verschiedener Simplizes (vgl. Abb. 3.1).

Definition

Sei $\mathbf{x}$ ein Punkt der Geraden durch zwei voneinander verschiedene Punkte $\mathbf{p}$ und $\mathbf{q}$. Wir ergänzen $\mathbf{p} = \mathbf{v}_0$ und $\mathbf{q} = \mathbf{v}_1$ zu $d + 1$ Punkten in allgemeiner Lage und ermitteln die baryzentrischen Koordinaten von $\mathbf{x}$ bezüglich dieser Punkte. Das Verhältnis der ersten beiden baryzentrischen Koordinaten

$$\mathrm{TV}(\mathbf{p}, \mathbf{q}, \mathbf{x}) = \xi_1 / \xi_0$$

wird dann als **Teilverhältnis** von $\mathbf{x}$ bezüglich des Geradensegments $[\mathbf{p}, \mathbf{q}]$ bezeichnet.

[4] Für $d = 1$: Strecke oder Geradensegment, für $d = 2$: Dreieck, für $d = 3$: Tetraeder.

Man überzeugt sich leicht davon, dass das Teilverhältnis nicht von der Wahl der $d-1$ zusätzlichen Punkte $\mathbf{v}_2,\dots,\mathbf{v}_d$ abhängt. Offenbar gilt $\xi_i = 0$ für $i = 2,\dots,d$, da die Punkte

$$\mathbf{p} = \mathbf{v}_0, \mathbf{q} = \mathbf{v}_1, \mathbf{v}_2, \dots, \mathbf{v}_{i-1}, \mathbf{x}, \mathbf{v}_{i+1}, \dots, \mathbf{v}_d,$$

aufgrund der Kollinearität von $\mathbf{p}$, $\mathbf{q}$ und $\mathbf{x}$ stets in einer Hyperebene enthalten sind. Daraus folgt $\xi_0 + \xi_1 = 1$ und die Beziehung (3.2) vereinfacht sich zu

$$\mathbf{x} = \xi_0\mathbf{v}_0 + \xi_1\mathbf{v}_1 = \mathbf{p} + \xi_1(\mathbf{q} - \mathbf{p}).$$

Lässt man ξ_1 in $\mathbb{R}$ variieren, so erhält man eine Parametrisierung der Geraden durch $\mathbf{p}$ und $\mathbf{q}$. Da diese Parametrisierung bijektiv ist, ist für jeden Punkt $\mathbf{x}$ der Geraden der Wert von ξ_1 und damit das Teilverhältnis eindeutig bestimmt.

Folgerung *Das Teilverhältnis* $\mathrm{TV}(\mathbf{p},\mathbf{q},\mathbf{x})$ *von drei kollinearen Punkten* $\mathbf{p}$, $\mathbf{q}$ *und* $\mathbf{x}$ *mit* $\mathbf{p} \neq \mathbf{q}$ *ist eindeutig festgelegt und affin invariant.*

3.2 Polynomiale Kurven

In diesem Abschnitt werden wir verschiedene Möglichkeiten zur Beschreibung polynomialer Kurven untersuchen. Diese Klasse von Kurven (und ihre Verallgemeinerung auf Flächen) wird zur Beschreibung von Freiformobjekten im Computer Aided Design und in der Computergrafik eingesetzt.

Definition

Eine **polynomiale Kurve** vom Grad g ist eine Abbildung

$$\mathbf{p}: \quad \mathbb{R} \to E^d: \quad t \mapsto \mathbf{p}(t) = (p_1(t), \dots, p_d(t))^T,$$

bei der die d Koordinatenfunktionen p_i jeweils Polynome vom Grad g in t sind. Schränkt man den Parameterbereich auf ein abgeschlossenes Intervall $[a,b]$ ein, so spricht man von einem **polynomialen Kurvenstück**. Ist $(\varphi_i)_{i=0,\dots,g}$ eine Basis des Vektorraums der Polynome vom Grad g, so besitzt die Kurve eine **Darstellung**

$$\mathbf{p}(t) = \sum_{i=0}^{g} \varphi_i(t)\,\mathbf{c}_i \tag{3.6}$$

bezüglich dieser Basis mit Koeffizientenvektoren $\mathbf{c}_i \in \mathbb{R}^d$.

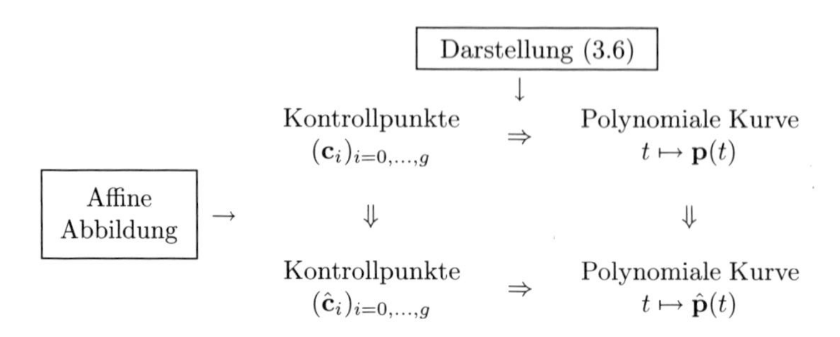

Abb. 3.2 Affine Invarianz einer Darstellung für polynomiale Kurven: Die Berechnung der Kurve entsprechend der Darstellung (3.6) und die Anwendung einer affinen Abbildung kommutieren miteinander

Polynomiale Kurven und Kurvenstücke sind offensichtlich invariant unter affinen Abbildungen. Eine Darstellung (3.6) wird als affin invariant bezeichnet, falls für jede affine Abbildung α die Beziehung

$$\alpha(\mathbf{p}(t)) = \sum_{i=0}^{g} \varphi_i(t)\,\alpha(\mathbf{c}_i)$$

erfüllt ist. Dies gilt jedoch nicht für jede Basis des Raumes der Polynome!

Interpretiert man die Koeffizienten $\mathbf{c}_i$ als affine Koordinatenvektoren von $g+1$ Punkten, so bleibt im Falle einer affin invarianten Darstellung die Beziehung zwischen diesen Punkten und der Kurve bei affinen Abbildungen erhalten (vgl. Abb. 3.2). In diesem Fall werden die Punkte $\mathbf{c}_i$ als *Kontrollpunkte* der polynomialen Kurve bezeichnet.

Für die Darstellung solcher Kurven gibt es jedoch mehrere Möglichkeiten, die nicht alle affin invariant sind. Beispielhaft werden wir drei mögliche Basen des Vektorraums der Polynome vom Grad g betrachten, die verschiedene Eigenschaften besitzen:

Die Basis der **Monome** (Potenzfunktionen) vom Grad g ist gegeben durch

$$\mu_i(t) = t^i, \quad (i = 0, \ldots, g),$$

siehe Abb. 3.3. Die Verwendung dieser Basis entspricht der üblichen Darstellung von Polynomen.

Die Basis der **Lagrange-Polynome**[5] vom Grad g zu gegebenen paarweise verschiedenen Knoten $\tau_i \in \mathbb{R}$ $(i = 0, \ldots, g)$ besitzt die Darstellung

$$\lambda_i(t) = \frac{\prod_{0 \le j \le g, j \ne i} (t - \tau_j)}{\prod_{0 \le j \le g, j \ne i} (\tau_i - \tau_j)}, \quad i = 0, \ldots, g.$$

[5] Joseph-Louis Lagrange (1736–1813) war ein italienischer Mathematiker. Er begründete die analytische Mechanik und arbeitete u. a. zu Themen der Variationsrechnung, der Gruppentheorie und der Theorie komplexer Funktionen.

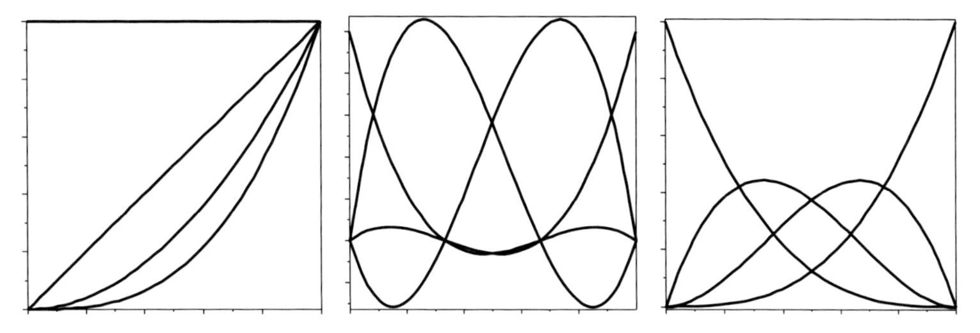

Abb. 3.3 Monome, Lagrange-Polynome und Bernstein-Polynome vom Grad $g = 3$ für $[a, b] = [0, 1]$

Dabei können die Knoten beliebig gewählt werden. Für ein Kurvenstück mit dem Parameterbereich $[a, b]$ bietet es sich an, die Knoten äquidistant in diesem Intervall zu verteilen,

$$\tau_i = \frac{(g-i)a + ib}{g}.$$

Die Lagrange-Polynome genügen den Gleichungen

$$\lambda_i(\tau_j) = \delta^i_j, \quad i, j = 0, \dots, g. \tag{3.7}$$

Daraus folgt die Identität

$$\sum_{i=0}^{g} \lambda_i(t) - 1 = 0.$$

In der Tat ist wegen (3.7) die linke Seite dieser Gleichung ein Polynom vom Grad g mit den $g + 1$ Nullstellen $\tau_0, \dots, \tau_g$, also identisch gleich Null.

Die Basis der **Bernstein-Polynome**[6] bezüglich des Intervalls $[a, b]$ wird durch die Funktionen

$$\beta^g_i(t) = \binom{g}{i} \frac{(t-a)^i (b-t)^{g-i}}{(b-a)^g} \quad (i = 0, \dots, g)$$

gebildet. Das Bernstein-Polynom β^g_i besitzt a und b als Nullstellen mit den Vielfachheiten i und $g - i$. Die Bernstein-Polynome genügen der Identität

$$\sum_{i=0}^{g} \beta^g_i(t) - 1 = 0,$$

[6] Der russische Mathematiker Sergej N. Bernstein (1880–1968) führte 1911 die Bernstein-Polynome ein, um einen konstruktiven Beweis des Approximationssatzes von Weierstraß zu geben.

die sich leicht durch Anwendung des binomischen Satzes auf die rechte Seite der Gleichung

$$(b-a)^g = [(b-t)-(t-a)]^g$$

beweisen lässt. Darüber hinaus sind alle Bernstein-Polynome im Inneren des Intervalls $[a,b]$ positiv,

$$\beta_i^g(t) > 0 \quad \text{für } a < t < b.$$

Der folgende Satz beschreibt den Zusammenhang zwischen den Eigenschaften der Basen und den geometrischen Eigenschaften der entsprechenden Kurvendarstellung:

Satz *Eine Darstellung (3.6) für polynomiale Kurven vom Grad g ist genau dann affin invariant, wenn die Basisfunktionen* $(\varphi_i)_{i=0,\ldots,g}$ *eine Zerlegung der Eins bilden,*

$$\sum_{i=0}^{g} \varphi_i(t) = 1. \tag{3.8}$$

Falls zusätzlich dazu die Werte dieser Funktionen im Intervall $[a,b]$ *nichtnegativ sind, so liegt das polynomiale Kurvenstück mit dem Parameterbereich* $[a,b]$ *in der konvexen Hülle der Kontrollpunkte* $\mathbf{c}_i$.

Beweis Aus der Eigenschaft (3.8) und der Darstellung (3.1) einer affinen Abbildung folgt unmittelbar

$$\sum_{i=0}^{g} \varphi_i(t)\,\alpha(\mathbf{c}_i) = \sum_{i=0}^{g} \varphi_i(t)\,(\vec{\mathbf{v}} + \hat{A}\mathbf{c}_i) = \vec{\mathbf{v}} + \hat{A}\Big(\sum_{i=0}^{g} \varphi_i(t)\mathbf{c}_i\Big) = \alpha(\mathbf{p}(t))$$

und damit die affine Invarianz. Zum Nachweis der Eigenschaft, dass jeder Kurvenpunkt in der konvexen Hülle der Kontrollpunkte liegt, beweist man mit Hilfe vollständiger Induktion für $n = 0,\ldots,g$, dass jeder Punkt

$$\sum_{i=0}^{n} \xi_i \mathbf{c}_i \quad \text{mit} \sum_{i=0}^{n} \xi_i = 1 \text{ und } \xi_i \geq 0$$

in der konvexen Hülle der Kontrollpunkte $\mathbf{c}_0,\ldots,\mathbf{c}_n$ liegt. Mit $\xi_i = \varphi_i(t)$ folgt dann das gewünschte Resultat.

Der Induktionsanfang für $n = 0$ ist trivialerweise erfüllt. Für den Induktionsschritt betrachtet man die Zerlegung

$$\sum_{i=0}^{n+1} \xi_i \mathbf{c}_i = \Big(\sum_{j=0}^{n} \xi_j\Big)\hat{\mathbf{c}} + \xi_{n+1}\mathbf{c}_{n+1} \tag{3.9}$$

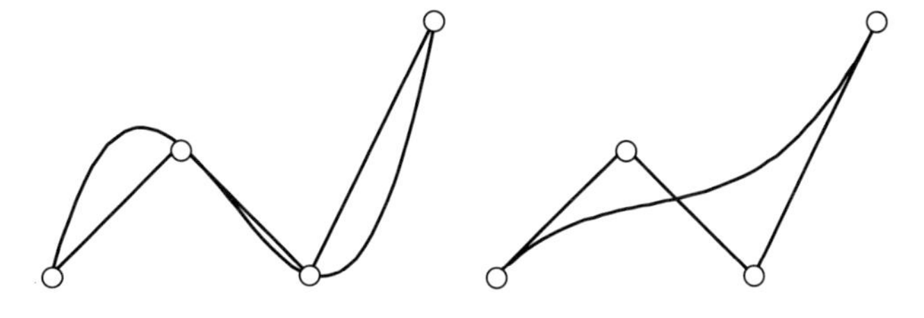

Abb. 3.4 Polynomiale Kurven in Darstellung bezüglich der Lagrange-Polynome (*links*) und der Bernstein-Polynome (*rechts*)

mit

$$\hat{\mathbf{c}} = \sum_{i=0}^{n} \hat{\xi}_i \mathbf{c}_i \quad \text{und} \quad \hat{\xi}_i = \frac{\xi_i}{\sum_{j=0}^{n} \xi_j}.$$

Die Induktionsvoraussetzung garantiert, dass $\hat{\mathbf{c}}$ in der konvexen Hülle der Punkte $\mathbf{c}_0, \ldots, \mathbf{c}_n$ liegt. Der in (3.9) definierte Punkt liegt auf der Verbindungsstrecke von $\hat{\mathbf{c}}$ und $\mathbf{c}_{n+1}$ und demnach in der konvexen Hülle der Punkte $\mathbf{c}_0, \ldots, \mathbf{c}_{n+1}$. □

Abbildung 3.4 zeigt Kurven mit demselbem Kontrollpolygon in der Basisdarstellung bezüglich der Lagrange- und der Bernstein-Polynome. Im ersten Fall interpoliert die Kurve wegen (3.7) die gegebenen Kontrollpunkte, während im zweiten Fall das Kurvenstück vollständig in der konvexen Hülle der Kontrollpunkte enthalten ist.

▶ **Bemerkung** Zwischen affin invarianten Kurvendarstellungen und baryzentrischen Koordinaten besteht ein enger Zusammenhang: Falls die Dimension d des Raumes mindestens so groß wie der Grad g der Kurve ist ($g \leq d$) und falls sich die $g+1$ Kontrollpunkte $\mathbf{c}_i$ in allgemeiner Lage befinden ($g = d$) bzw. sich zu $d+1$ Punkten in allgemeiner Lage ergänzen lassen ($g < d$), so handelt es sich bei den Werten der Basisfunktionen $(\varphi_i(t))_{i=0,\ldots,g}$ (ergänzt durch $(d-g)$-fach den Wert Null) gerade um die baryzentrischen Koordinaten des Kurvenpunktes $\mathbf{p}(t)$ bezüglich der Kontrollpunkte $\mathbf{c}_i$.

Sowohl Lagrange- als auch Bernstein-Polynome bilden eine Zerlegung der Eins und liefern damit affin invariante Darstellungen für polynomiale Kurven. Für Bernstein-Polynome ist das Kurvenstück darüber hinaus in der konvexen Hülle der Kontrollpunkte enthalten.

Polynomiale Kurven, die bezüglich der Basis der Bernstein-Polynome dargestellt sind, werden auch als *Bézier-Kurven*[7] bezeichnet. *Bézier-Kurven sind folglich affin invariant und stets in der konvexen Hülle ihrer Kontrollpunkte enthalten.* Die letzte Eigenschaft ist beispielsweise nützlich zur Ermittlung von Schnittpunkten zwischen Bézier-Kurven und Hyperebenen: Falls keine Schnittpunkte einer Hyperebene mit dem Kontrollpolygon einer Bézier-Kurve existieren, so kann es auch keine Schnittpunkte mit der Kurve geben.

[7] Pierre Bézier (1910–1999) war ein französischer Ingenieur bei Renault und beschrieb in den 1960er Jahren die nach ihm benannten Kurven.

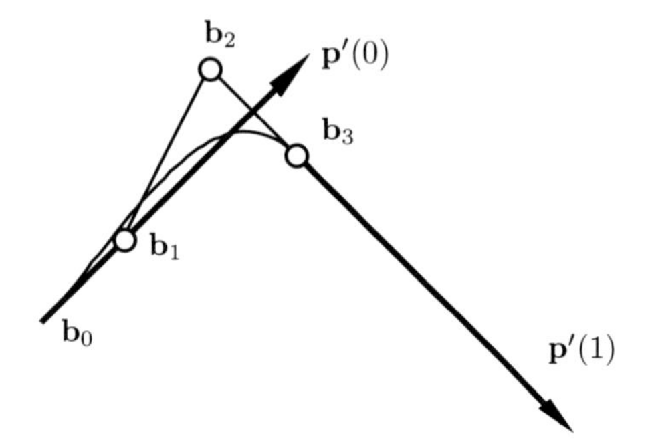

Abb. 3.5 Konstruktion einer kubischen Bézier-Kurve aus zwei Randpunkten und Ableitungsvektoren für $[a,b] = [0,1]$

Zum Abschluss dieses Abschnitts stellen wir einige nützliche Eigenschaften von Bézier-Kurven zusammen.

- Bernstein-Polynome besitzen die Symmetrieeigenschaft

$$\beta_i^g(a+t) = \beta_{g-i}^g(b-t), \quad i = 0,\dots,g. \tag{3.10}$$

Kehrt man die Reihenfolge der Kontrollpunkte um, $\mathbf{c}_i^* = \mathbf{c}_{g-i}$, so erhält man dieselbe Kurve mit umgekehrter Parametrisierung, $\mathbf{p}^*(a+t) = \mathbf{p}(b-t)$. Auch Kurven in Lagrange-Darstellung besitzen diese Eigenschaft, falls die Knoten τ_i symmetrisch bezüglich des Mittelpunktes $(a+b)/2$ des Parameterbereiches gewählt werden.

- Für die Ableitungen einer Bézier-Kurve gilt

$$\left(\frac{\mathrm{d}^k}{\mathrm{d}t^k}\mathbf{p}\right)(t) = \sum_{i=0}^{g-k} \beta_i^{g-k}(t) \frac{n!}{(n-k)!} \frac{1}{(b-a)^k} \Delta^k \mathbf{c}_i, \tag{3.11}$$

wobei $\Delta\mathbf{c}_i = \mathbf{c}_{i+1} - \mathbf{c}_i$ die ersten Vorwärtsdifferenzen der Kontrollpunkte sind und Δ^k die k-te Vorwärtsdifferenz bezeichnet ($k = 0,\dots,g$).

- Für die Randwerte einer Bézier-Kurve gelten

$$\left(\frac{\mathrm{d}^k}{\mathrm{d}t^k}\mathbf{p}\right)(a) = \frac{n!}{(n-k)!} \frac{1}{(b-a)^k} \Delta^k \mathbf{c}_0$$

sowie

$$\left(\frac{\mathrm{d}^k}{\mathrm{d}t^k}\mathbf{p}\right)(b) = \frac{n!}{(n-k)!} \frac{1}{(b-a)^k} \Delta^k \mathbf{c}_{g-k}.$$

Damit lassen sich beispielsweise leicht kubische Kurven konstruieren, die vorgegebene Randpunkte und Ableitungsvektoren interpolieren, siehe Abb. 3.5.

3.3 Algorithmus von de Casteljau[8]

In diesem Abschnitt betrachten wir Bézier-Kurven

$$\mathbf{p}(t) = \sum_{i=0}^{g} \beta_i^g(t)\mathbf{b}_i, \tag{3.12}$$

also polynomiale Kurven in ihrer Darstellung bezüglich der Basis der Bernstein-Polynome zu einem festen Intervall $[a, b]$, mit einem beliebigen, aber festen Polynomgrad g. Wir verwenden folgende Bezeichnungen:

- Mit $\mathcal{S}$ bezeichnen wir die Menge aller $g!$ Permutationen der Menge $\{1, \ldots, g\}$.
- Die Abkürzung $\{x\}^k$ bezeichnet die k-fache Wiederholung des Arguments einer Funktion, die von mehreren Variablen abhängt.

Der Begriff des Blossoms liefert das wichtigste Werkzeug zur Herleitung von Algorithmen für Bézier-Kurven:

Definition

Die Abbildung

$$\mathbf{P} : \mathbb{R}^g \to \mathbb{R}^d : (t_1, \ldots, t_g) \mapsto f(t_1, \ldots, t_g)$$

heißt **Blossom** oder auch **Polarform** einer gegebenen polynomialen Kurve $\mathbf{p} : \mathbb{R} \to \mathbb{R}^d$ vom Grad g, falls sie die folgenden drei Eigenschaften besitzt:

(i) Der Wert des Blossoms bleibt bei jeder Permutation der Argumente unverändert, d. h., für jede Permutation $\pi \in \mathcal{S}$ gilt

$$\mathbf{P}(t_{\pi(1)}, t_{\pi(2)}, \ldots, t_{\pi(g)}) = \mathbf{P}(t_1, t_2, \ldots, t_g).$$

(ii) Der Funktionswert des Blossoms ist eine affine Funktion (ein lineares Polynom) des ersten Arguments, d. h., die Funktionswerte genügen der Gleichung

$$\mathbf{P}(\lambda t_1 + \hat{\lambda}\hat{t}_1, t_2, \ldots, t_g) = \lambda \mathbf{P}(t_1, t_2, \ldots, t_g) + \hat{\lambda}\mathbf{P}(\hat{t}_1, t_2, \ldots, t_g),$$

falls $\lambda + \hat{\lambda} = 1$ gilt. Aufgrund der Symmetrieeigenschaft (i) überträgt sich diese Eigenschaft auf die übrigen $g - 1$ Argumente des Blossoms.

(iii) Zwischen den Werten des Blossoms und des Polynoms besteht folgender Zusammenhang:

$$\mathbf{P}(\{t\}^g) = \mathbf{p}(t).$$

[8] Der französische Physiker und Mathematiker Paul de Faget de Casteljau (*1930) entwickelte Ende der 1950er Jahre bei Citroën den nach ihm benannten Algorithmus zur Berechnung polynomialer Kurven.

Zunächst stellt man fest, dass stets mindestens ein Blossom existiert:

Lemma *Die Bézier-Kurve (3.12) besitzt den Blossom*

$$\mathbf{P}(t_1,\ldots,t_g) = \sum_{i=0}^{g} B_i^g(t_1,\ldots,t_g)\mathbf{b}_i, \tag{3.13}$$

mit

$$B_i^g(t_1,\ldots,t_g) = \frac{\sum_{\pi\in\mathcal{S}} \prod_{j=1}^{i}(t_{\pi(j)} - a) \prod_{j=i+1}^{g}(b - t_{\pi(j)})}{i!(g-i)!(b-a)^g}. \tag{3.14}$$

Beweis Man weist leicht nach, dass die so definierte Funktion die drei Eigenschaften (i)–(iii) des Blossoms erfüllt. Die Symmetrieeigenschaft (i) folgt daraus, dass jeder der Summanden in (3.14) symmetrisch ist. Die zweite Eigenschaft (ii) ist dadurch gegeben, dass jeder dieser Summanden linear von jedem einzelnen Argument t_i abhängt. Schließlich folgt aus

$$B_i^g(\{t\}^g) = \beta_i^g(t)$$

unmittelbar die Eigenschaft (iii) der Reproduktion der Bézier-Kurve. □

Zum Nachweis der Eindeutigkeit des Blossoms betrachten wir den folgenden *Algorithmus von de Casteljau*, mit dem sich beliebige Werte des Blossoms ermitteln lassen.

Algorithmus (de Casteljau)

Input: $g+1$ Werte des Blossoms $\mathbf{b}_i^0 = \mathbf{P}(\{a\}^{g-i}, \{b\}^i)$, $i = 0,\ldots,g$, sowie
g Parameterwerte $t_1,\ldots,t_g$.
Output: Wert des Blossoms $\mathbf{P}(t_1,\ldots,t_g) = \mathbf{b}_0^g$.

for $\ell = 1$ to g do
  $\lambda_\ell = (b - t_\ell)/(b-a)$; $\hat{\lambda}_\ell = (t_\ell - a)/(b-a)$; (L)
  for $i = 0$ to $g - \ell$ do
    $\mathbf{b}_i^\ell = \lambda_\ell \mathbf{b}_i^{\ell-1} + \hat{\lambda}_\ell \mathbf{b}_{i+1}^{\ell-1}$; (R)
  end do;
end do;
return($\mathbf{b}_0^g$);

Satz *Der Algorithmus von de Casteljau ist korrekt.*

Beweis Die Korrektheit des Algorithmus folgt aus der Beziehung

$$\mathbf{b}_i^\ell = \mathbf{P}(t_1,\ldots,t_\ell,\{a\}^{g-\ell-i},\{b\}^i),$$

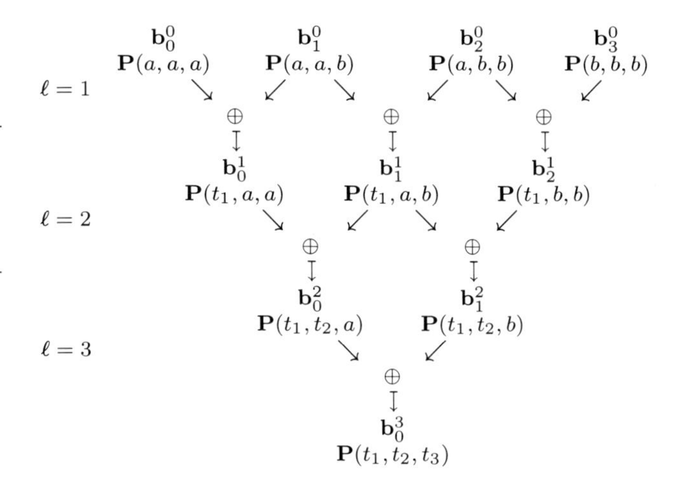

Abb. 3.6 Schematische Darstellung des Algorithmus von de Casteljau für Polynomgrad $g = 3$. Die Pfeile $\searrow$ und $\swarrow$ stehen für die Multiplikation mit λ_ℓ bzw. mit $\hat{\lambda}_\ell$, das $\oplus$ bezeichnet die Addition der beiden Summanden in (R), und der vertikale Pfeil steht für die Zuweisung des Resultats

die man leicht mit Hilfe von Induktion über ℓ beweist. Der Input des Algorithmus garantiert den Induktionsanfang. Mit den in (L) definierten Werten gilt nämlich

$$t_\ell = \lambda_\ell a + \hat{\lambda}_\ell b \quad \text{sowie} \quad \lambda_\ell + \hat{\lambda}_\ell = 1.$$

Die Rekursion (R) folgt aus der Eigenschaft (ii) des Blossoms, im ersten Argument eine lineare Funktion zu sein, sowie aus der Symmetrie (i). □

Für den Polynomgrad $g = 3$ wird der Algorithmus in Abb. 3.6 schematisch visualisiert.

Eine geometrische Interpretation liefert Abb. 3.7: In jedem Schritt des Algorithmus werden die neu berechneten Punkte $\mathbf{b}_j^\ell$ so auf den Verbindungsgeraden der alten Punkte $\mathbf{b}_i^{\ell-1}$ und $\mathbf{b}_{i+1}^{\ell-1}$ gewählt, dass

$$\mathrm{TV}(\mathbf{b}_i^{\ell-1}, \mathbf{b}_{i+1}^{\ell-1}, \mathbf{b}_i^\ell) = \hat{\lambda}_\ell / \lambda_\ell \tag{3.15}$$

gilt. Aufgrund der affinen Invarianz des Teilverhältnisses ist somit auch der gesamte Algorithmus von de Casteljau affin invariant.

In der Abbildung wurden die drei Parameterwerte t_1, t_2 und t_3 jeweils im Inneren des Intervalls $[a, b]$ gewählt, daher liegen auch die neu berechneten Punkte jeweils zwischen ihren Vorgängern. Dies ist jedoch nicht zwingend; es ist auch möglich, den Algorithmus von de Casteljau für beliebige Werte der Parameterwerte t_1, t_2 und t_3 anzuwenden. Falls diese jedoch außerhalb des Intervalls $[a, b]$ liegen, so ist eine Extrapolation nötig, die numerisch wenig stabil ist.

Mit Hilfe dieses Algorithmus lässt sich nun leicht die Eindeutigkeit des Blossoms zeigen.

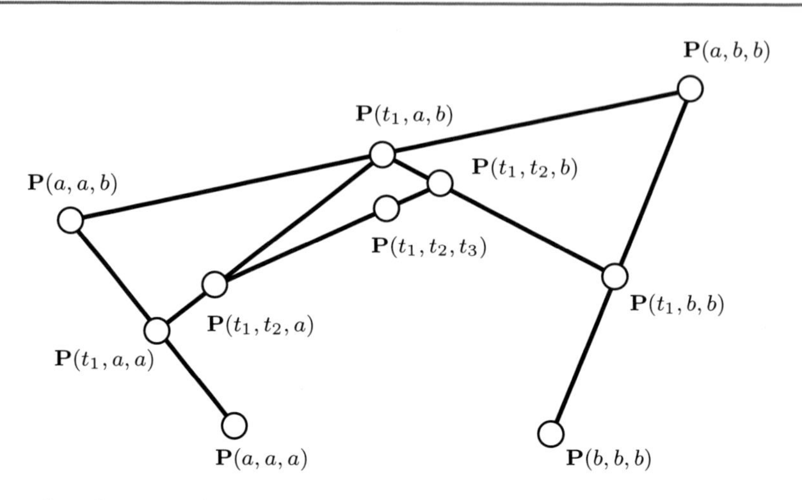

Abb. 3.7 Algorithmus von de Casteljau für Polynomgrad $g = 3$ (geometrisch)

Satz *Jede polynomiale Kurve besitzt einen eindeutig bestimmten Blossom.*

Beweis Die Werte $\mathbf{P}(\{a\}^{g-i}, \{b\}^i)$ legen den Blossom eindeutig fest, da sich jeder Wert des Blossoms aus diesen Werten mit Hilfe des Algorithmus von de Casteljau ermitteln lässt. Dies gilt insbesondere für die Werte $\mathbf{P}(\{t\}^g)$. Da das Ergebnis des Algorithmus von de Casteljau linear von den gegebenen Werten des Blossoms abhängt, gibt es $g + 1$ Polynome ϑ_i, sodass die Beziehung

$$\mathbf{p}(t) = \mathbf{P}(\{t\}^g) = \sum_{i=0}^{g} \vartheta_i(t)\mathbf{P}(\{a\}^{g-i}, \{b\}^i) \tag{3.16}$$

erfüllt ist. Jede Bézier-Kurve $\mathbf{p}$ vom Grad g lässt sich auf diese Art darstellen, deshalb bilden diese $g + 1$ Polynome offenbar eine Basis des Raumes aller Polynome vom Grad g.

Andererseits gilt für den durch Gleichung (3.13) definierten Blossom

$$\mathbf{b}_i = \mathbf{P}(\{a\}^{g-i}, \{b\}^i),$$

da für die Blossoms der Bernstein-Polynome die Identität

$$B_i^g(\{a\}^{g-j}, \{b\}^j) = \delta_j^i$$

erfüllt ist. Durch Vergleich von (3.16) mit (3.12) stellt man fest, dass es sich bei den Polynomen ϑ_i gerade um die Bernstein-Polynome vom Grad g bezüglich des Intervalls $[a, b]$ handeln muss, $\vartheta_i = \beta_i^g$. Da die Kontrollpunkte einer Bézier-Kurve eindeutig bestimmt sind, sind folglich auch die Werte $\mathbf{P}(\{a\}^{g-i}, \{b\}^i)$ des Blossoms und mit ihnen der gesamte Blossom eindeutig festgelegt. □

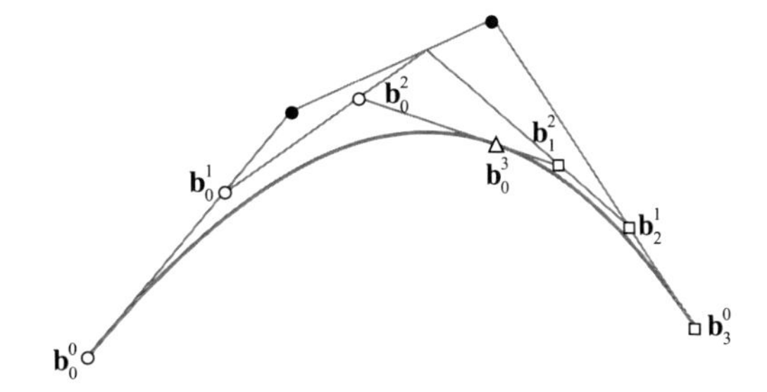

Abb. 3.8 Unterteilung (Subdivision) eine Bézier-Kurve für $g = 3$

Als Nebenresultat dieses Beweises halten wir die Beziehung

$$\mathbf{p}(t) = \sum_{i=0}^{g} \beta_i^g(t) \underbrace{\mathbf{P}(\{a\}^{g-i}, \{b\}^i)}_{=\mathbf{b}_i} \tag{3.17}$$

fest, die den Zusammenhang zwischen den Kontrollpunkten $\mathbf{b}_i$ der Bézier-Kurve und den speziellen Werten $\mathbf{P}(\{a\}^{g-i}, \{b\}^i)$ des Blossoms beschreibt.

Wählt man übereinstimmende Werte für alle g Parameter t_i, also $t_i = t$, so *berechnet der Algorithmus den Kurvenpunkt zu diesem Parameterwert t*. Diese Art der Berechnung eines Kurvenpunktes ist numerisch stabil, falls $t \in [a, b]$ gilt, da in jedem Schritt nur Konvexkombinationen gebildet werden. In der Literatur wird der dabei entstehende Algorithmus häufig bereits als de Casteljau-Algorithmus bezeichnet.

Darüber hinaus ermittelt der Algorithmus von de Casteljau in diesem Fall auch die Kontrollpunkte der Darstellung der Kurve $\mathbf{p}$ als Bézier-Kurve bezüglich der Intervalle $[a, t]$ und $[t, b]$. In der Tat gilt

$$\mathbf{b}_0^\ell = \mathbf{P}(\{a\}^{g-\ell}, \{t\}^\ell) \quad \text{sowie} \quad \mathbf{b}_{g-\ell}^\ell = \mathbf{P}(\{t\}^\ell, \{b\}^{g-\ell}),$$

und damit bilden diese Punkte jeweils die Kontrollpunkte der beiden Teil-Bézier-Kurven. Diese Berechnung wird als Unterteilung (Subdivision) einer Bézier-Kurve bezeichnet, siehe Abb. 3.8.

Durch wiederholte Verfeinerung lassen sich leicht Polygone erzeugen, die eine gegebene Bézier-Kurve approximieren:

Satz *Zu einer gegebenen Bézier-Kurve mit dem Parameterintervall $[a, b]$ betrachten wir die n Teil-Bézier-Kurven mit den Parameterintervallen*

$$\left[\left(1 - \frac{i}{n}\right)a + \frac{i}{n}b, \left(1 - \frac{i+1}{n}\right)a + \frac{i+1}{n}b\right], \quad i = 0, \ldots, n-1.$$

Für $n \to \infty$ konvergieren die Kontrollpolygone der Teil-Bézier-Kurven gegen die Bézier-Kurve.

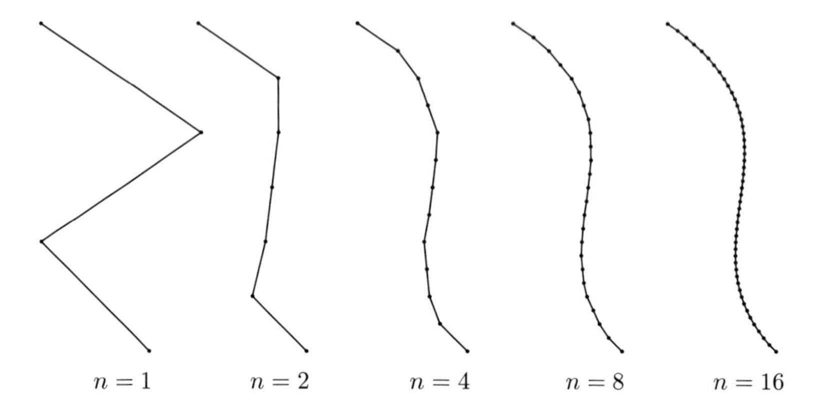

Abb. 3.9 Visualisierung einer kubischen Bézier-Kurve durch dyadische Subdivision

Beweis Sowohl die Kurve als auch die Kontrollpolygone lassen sich mit Hilfe des Blossoms erzeugen, wobei man diesen als Abbildung $[a, b]^g \to \mathbb{R}^d$ betrachtet. Die Kurve entsteht als Bild der Geraden $(\{t\}^g)$, welche die Diagonale des g-dimensionalen Würfels $[a, b]^g$ bildet. Die Kontrollpolygone dagegen entstehen als Bilder der n Polygone mit den Eckpunkten

$$\left(\left\{\left(1 - \frac{i}{n}\right)a + \frac{i}{n}b\right\}^{g-j}, \left\{\left(1 - \frac{i+1}{n}\right)a + \frac{i+1}{n}b\right\}^{j}\right), \quad j = 0, \ldots, g$$

für $i = 0, \ldots, n-1$. Jede Kante dieser Polygone ist parallel zu einer der g Koordinatenrichtungen im $\mathbb{R}^g$. Für $n \to \infty$ konvergieren diese Polygonzüge gegen die Diagonale. Aus der Stetigkeit des Blossoms folgt das Konvergenzresultat. □

In der Praxis verwendet man oft eine *dyadische* Unterteilung, bei der die Anzahl n der Segmente eine Zweierpotenz ist. Beispielsweise besitzt eine dyadische Unterteilung der Stufe k des Einheitsintervalls die Knoten $i2^{-k}$ für $i = 0, \ldots, 2^k$. Die entsprechende Subdivision kann dann rekursiv durch wiederholtes Halbieren der Parameterintervalle ermittelt werden. Der Abstand zwischen der Kurve und den approximierenden Kontrollpolygonen konvergiert quadratisch gegen Null. Abbildung 3.9 zeigt ein Beispiel für diese Methode der Kurvenvisualisierung.

Durch Zusammensetzen mehrerer Bézier-Kurven lassen sich auch kompliziertere geometrische Formen gut repräsentieren. Die dabei entstehenden stückweise polynomialen Kurven werden als *Bézier-Splines* bezeichnet. Häufig ist es wünschenswert, dass die einzelnen polynomialen Kurvenstücke in den Übergangspunkten „glatt" zusammengesetzt sind, also neben dem gemeinsamen Kurvenpunkt auch noch übereinstimmende Ableitungsvektoren bis zu einer gewissen Ordnung k besitzen. Ein derartiger Übergang wird als

Berührung der Ordnung k der Koordinatenfunktionen[9] bezeichnet und lässt sich mit Hilfe der Blossoms elegant charakterisieren.

Satz *Die beiden folgenden Aussagen sind äquivalent für $k = 0, \ldots, g$.*

(i) Die beiden polynomialen Kurven $\mathbf{p}$ *und* $\mathbf{q}$ *berühren sich bei* t_0 *von* k*-ter Ordnung, d. h., es gilt*

$$\left(\frac{\mathrm{d}^i}{\mathrm{d}t^i}\mathbf{p}\right)(t_0) = \left(\frac{\mathrm{d}^i}{\mathrm{d}t^i}\mathbf{q}\right)(t_0), \quad i = 0, \ldots, k.$$

(ii) Die Blossoms $\mathbf{P}$ *und* $\mathbf{Q}$ *beider Kurven genügen der Bedingung*

$$\forall t_1, \ldots, t_k : \mathbf{P}(\{t_0\}^{g-k}, t_1, \ldots, t_k) = \mathbf{Q}(\{t_0\}^{g-k}, t_1, \ldots, t_k).$$

Eine Berührung der Ordnung k ist also äquivalent dazu, dass die Blossoms für alle diejenigen Argumentlisten übereinstimmen, die den Parameterwert des entsprechenden Punktes mindestens $(g-k)$-fach enthalten. Für $k = 0$ ist dies offenbar richtig, da genau dann die Werte der beiden polynomialen Kurven gleich sind. Auch für $k = g$ ist diese Aussage wahr, da dann die beiden Kurven notwendigerweise identisch sind. Der Beweis im allgemeinen Fall gelingt leicht mit einer speziellen Darstellung des Blossoms.

Beweis Wir betrachten die polynomiale Kurve $\mathbf{p}$ in der Form

$$\mathbf{p}(t) = \sum_{i=0}^{g} \mathbf{c}_i (t - t_0)^i$$

mit Koeffizienten $\mathbf{c}_i \in \mathbb{R}^d$. Bis auf die Skalierung der Koeffizienten handelt es sich um die Taylor-Entwicklung der Kurve im Punkt t_0, d. h., es gilt

$$\left(\frac{\mathrm{d}^i}{\mathrm{d}t^i}\mathbf{p}\right)(t_0) = i!\,\mathbf{c}_i. \tag{3.18}$$

Der Blossom der Kurve besitzt die Darstellung

$$\mathbf{P}(t_1, \ldots, t_g) = \sum_{i=0}^{g} \mathbf{c}_i \frac{1}{\binom{g}{i}} \Big(\sum_{\{j_1, \ldots, j_i\} \in C_i} \prod_{k=1}^{i} (t_{j_k} - t_0) \Big), \tag{3.19}$$

[9] Hier wird verlangt, dass die Ableitungen der Kurven nach dem Kurvenparameter dieselben Werte besitzen. Für eine Berührung erster Ordnung bedeutet dies beispielsweise, dass die Bahngeschwindigkeitsvektoren des Kurvenpunktes im Übergangspunkt übereinstimmen. Für einen geometrisch glatten Übergang ist es allerdings bereits hinreichend, dass diese beiden Vektoren linear abhängig und gleichgerichtet sind. Dieses allgemeinere Konzept für glatte Übergänge zwischen Kurvensegmenten (das hier nicht weiter betrachtet wird) wird als *geometrische Stetigkeit* bezeichnet.

wobei die in der Summe verwendete Indexmenge C_i aus allen i-elementigen Teilmengen der Indexmenge $\{1, \ldots, g\}$ besteht. Man überzeugt sich leicht davon, dass die so definierte multivariate Funktion die Eigenschaften (i)–(iii) des Blossoms besitzt. Eine analoge Darstellung erhält man für den Blossom der zweiten Kurve $\mathbf{q}$.

Betrachtet man nun den Wert des Blossoms für eine Argumentliste, die den Wert t_0 mindestens $(g-k)$-fach enthält, so verschwinden alle außer den ersten $k+1$ Summanden (d. h. alle Summanden mit $i > k$), da dann stets mindestens einer der Faktoren des Produktes den Wert Null annimmt. Daraus und aus dem Zusammenhang (3.18) zwischen den Ableitungen im Punkt t_0 und den Koeffizienten $\mathbf{c}_i$ folgt unmittelbar die Äquivalenz der beiden Aussagen. □

Diese Charakterisierung eines glatten Übergangs zwischen zwei polynomialen Kurven lässt sich zur Konstruktion eines Bézier-Splines verwenden. Dazu betrachten wir erneut zwei polynomiale Kurvenstücke $\mathbf{p}$ und $\mathbf{q}$ vom Grad g.

Für jedes Kurvenstück sei eine monoton wachsende Folge von $2g$ Knoten gegeben, die wir mit $(\sigma_i)_{i=1,\ldots,2g}$ und $(\tau_i)_{i=1,\ldots,2g}$ bezeichnen. Neben der Monotonie wird noch vorausgesetzt, dass $\sigma_g < \sigma_{g+1}$ und $\tau_g < \tau_{g+1}$ gilt. Die beiden Intervalle $[\sigma_g, \sigma_{g+1}]$ und $[\tau_g, \tau_{g+1}]$ sind die Parameterintervalle der beiden Kurvenstücke.

Beide Kurvenstücke werden durch gewisse Werte ihrer Blossoms beschrieben,

$$\mathbf{d}_i = \mathbf{P}(\sigma_{i+1}, \ldots, \sigma_{i+g}) \quad (i = 0, \ldots, g) \tag{3.20}$$

und

$$\mathbf{f}_i = \mathbf{Q}(\tau_{i+1}, \ldots, \tau_{i+g}) \quad (i = 0, \ldots, g). \tag{3.21}$$

Durch eine Erweiterung des Algorithmus von de Casteljau, die als Algorithmus von de Boor[10] bezeichnet wird und ebenfalls auf den drei Eigenschaften des Blossoms beruht, lassen sich aus diesen Werten des Blossoms alle anderen Werte und insbesondere auch die Kurvenstücke selbst berechnen.

Für eine gewisse Indexverschiebung v, die den Ungleichungen $1 \leq v \leq g$ genügt, sei vorausgesetzt, dass sowohl die Knoten

$$\sigma_{i+v} = \tau_i \quad (i = 1, \ldots, 2g - v)$$

als auch die in (3.20) und (3.21) definierten Werte der Blossoms übereinstimmen,

$$\mathbf{d}_{i+v} = \mathbf{f}_i \quad (i = 0, \ldots, g - v).$$

Darüber hinaus wird verlangt, dass der rechte bzw. der linke Segmentendpunkt in der Knotenfolge jeweils die Vielfachheit v besitzt,

$$\sigma_{g+1} = \ldots = \sigma_{g+v} \quad \text{und} \quad \tau_{g-v+1} = \ldots = \tau_g.$$

[10] Der deutsch-amerikanische Mathematiker Carl de Boor (*1937) war u. a. maßgeblich an der Entwicklung der mathematischen Grundlagen der Spline-Funktionen beteiligt.

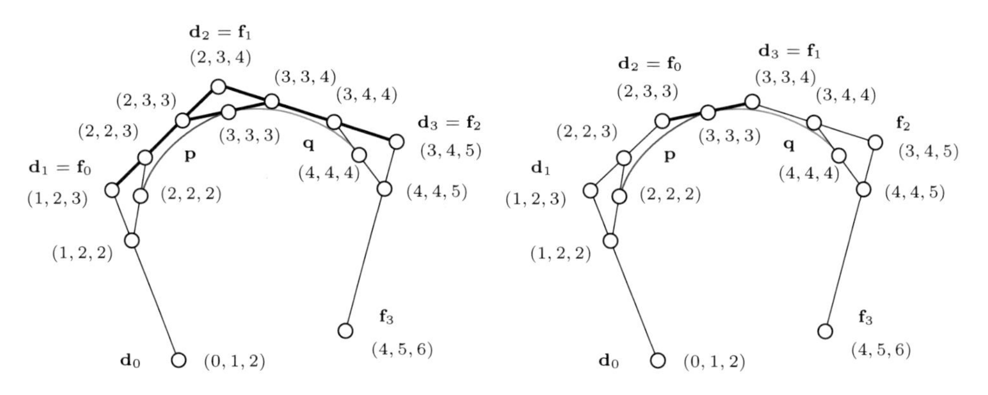

Abb. 3.10 Konstruktion einer Bézier-Spline-Kurve mit zwei Segmenten für $\nu = 1$ (*links*) und $\nu = 2$ (*rechts*). In diesem Beispiel wurden die Knoten $(\sigma_i)_{i=0,\ldots,3} = (0,1,2,3,4,5)$ und $(\tau_i)_{i=0,\ldots,3} = (1,2,3,4,5,6)$ (*links*) sowie $(\sigma_i)_{i=0,\ldots,3} = (0,1,2,3,3,4)$ und $(\tau_i)_{i=0,\ldots,3} = (2,3,3,4,5,6)$ (*rechts*) gewählt. Die Argumentlisten (i,j,k) stehen für Werte der Blossoms. Der *dicker gezeichnete Bereich* identifiziert die übereinstimmenden Werte der beiden Blossoms

Die beiden Kurvenstücke $\mathbf{p}$ und $\mathbf{q}$ berühren sich dann im Punkt $\sigma_{g+1} = \tau_g$ von $(g-\nu)$-ter Ordnung. Dies folgt aus der im Satz beschriebenen Charakterisierung einer Berührung zweier polynomialer Kurven mit Hilfe der Blossoms. Insbesondere lassen sich aus den Punkten $\mathbf{d}_i$ (siehe (3.20)) und $\mathbf{f}_i$ (siehe (3.21)) und mit Hilfe von (3.17) die Kontrollpunkte der Bézier-Darstellung beider Kurven ermitteln, und es ist garantiert, dass beide Kurvenstücke im gemeinsamen Punkt glatt zusammengesetzt sind.

Für den Polynomgrad $g = 3$ zeigt Abb. 3.10 diese Konstruktion für den Fall $\nu = 1$ (linkes Bild) und $\nu = 2$ (rechtes Bild). Während für $\nu = 1$ die Werte der Blossoms, die den Knoten 3 enthalten, jeweils übereinstimmen (links), ist dies für $\nu = 2$ nur für diejenigen Werte der Blossoms der Fall, die den Knoten 3 mindestens zweifach enthalten (rechts).

Diese Konstruktion lässt sich auf mehr als zwei Segmente verallgemeinern. Darüber hinaus lassen sich neue, stückweise polynomiale Basisfunktionen definieren, die direkt den Einfluss der in (3.20) und (3.21) definierten Punkte widerspiegeln. Diese Basisfunktionen werden als B-Splines (Basis-Splines) bezeichnet, und die Punkte $\mathbf{d}_i$ und $\mathbf{f}_i$ dienen als Kontrollpunkte der Spline-Kurve.

3.4 Konvexe Hülle

Die Berechnung der konvexen Hülle einer Menge von Objekten ist eine der grundlegenden Aufgabenstellungen im Bereich der algorithmischen Geometrie. Beispielsweise kann man die Existenz von Schnittpunkten zweier Bézier-Kurven ausschließen, falls die beiden konvexen Hüllen der Kontrollpolygone disjunkt sind.

In diesem Abschnitt betrachten wir Algorithmen zur Berechnung der konvexen Hülle einer Menge von Punkten im zwei- oder dreidimensionalen Raum.

Eine Menge **M** im d-dimensionalen Raum E^d ist konvex, wenn sie für je zwei in **M** enthaltene Punkte auch deren Verbindungsstrecke enthält:

$$\forall \mathbf{x}, \mathbf{y} \in \mathbf{M}, t \in \mathbb{R}, 0 \leq t \leq 1 : t\mathbf{x} + (1-t)\mathbf{y} \in \mathbf{M}.$$

Die konvexe Hülle einer Punktmenge **P** in E^d wird mit $\mathrm{KH}(\mathbf{P})$ bezeichnet und ist die kleinste konvexe Menge, die **P** enthält. Diese kann als Durchschnitt aller konvexen Mengen, die **P** enthalten, definiert werden:

$$\mathrm{KH}(\mathbf{P}) = \bigcap_{\mathbf{P} \subseteq \mathbf{M}, \mathbf{M} \text{ konvex}} \mathbf{M}.$$

Aus algorithmischer Sicht wird meist die Begrenzung der konvexen Hülle, der sog. Rand $\delta\mathrm{KH}(\mathbf{P})$, berechnet.

Konvexe Hülle in 2-D – Graham-Scan Sei $\mathbf{P} = \{\mathbf{p}_1, \ldots, \mathbf{p}_n\}$ eine Punktmenge in der Ebene. Per Definition ist die konvexe Hülle $\mathrm{KH}(\mathbf{P})$ von **P** das kleinste konvexe Polygon Φ, das **P** enthält. Intuitiv kann man den Rand von Φ als eine Art Gummiband betrachten, das man außen um die Punktmenge legt und das sich dann soweit als möglich zusammenzieht. Im Falle einer Punktmenge in allgemeiner Lage entsprechen die Eckpunkte von Φ jener Teilmenge $\mathbf{P}' \subseteq \mathbf{P}$, die genau am Rand $\delta\mathrm{KH}(\mathbf{P})$ liegt. Diese Punkte werden Extremalpunkte genannt. Das Berechnen der konvexen Hülle $\mathrm{KH}(\mathbf{P})$ entspricht damit dem Ermitteln der Menge $\mathbf{P}'$ sowie der Reihenfolge, in der diese Extremalpunkte am Rand $\delta\mathrm{KH}(\mathbf{P})$ verbunden sind.

Wir betrachten im Folgenden den sog. **Graham-Scan**-Algorithmus[11], der bereits 1972 vorgestellt wurde. Mit ihm kann die konvexe Hülle von n Punkten in $\mathcal{O}(n \log n)$ Zeit berechnet werden. Die zentrale Beobachtung des Algorithmus ist, dass die Extremalpunkte von **P** auf $\delta\mathrm{KH}(\mathbf{P})$ zyklisch sortiert vorliegen. Daher werden die Punkte zuerst zyklisch sortiert und dann nicht-extremale Punkte entfernt.

Betrachten wir nun die Details des Verfahrens. Zuerst wird ein Extremalpunkt $\mathbf{p}_1 \in \mathbf{P}$ ermittelt. Dazu sei $\mathbf{p}_1$ jener Punkt aus **P** mit der kleinsten y-Koordinate. Sollte es mehrere Punkte mit kleinster y-Koordinate geben, so sei $\mathbf{p}_1$ unter diesen jener mit der kleinsten x-Koordinate.

Nun werden alle verbleibenden Punkte $\mathbf{P} \setminus \{\mathbf{p}_1\}$ zyklisch um $\mathbf{p}_1$ sortiert. Dazu verwenden wir die in Abschn. 1.4 eingeführte Operation $\mathrm{cc}()$ zur Ermittlung der Orientierung dreier Punkte. Ein Punkt $\mathbf{p}_i$ liegt in der zyklischen Sortierung genau dann vor einem Punkt $\mathbf{p}_j$, wenn $\mathrm{cc}(\mathbf{p}_1, \mathbf{p}_i, \mathbf{p}_j) = -1$ gilt (im Falle kollinearer Punkte, $\mathrm{cc}(\mathbf{p}_1, \mathbf{p}_i, \mathbf{p}_j) = 0$, kann jener Punkt gelöscht werden, der näher bei $\mathbf{p}_1$ liegt, da er sicher nicht Eckpunkt von $\delta\mathrm{KH}(\mathbf{P})$ ist). Diese Sortierung ergibt eine Anordnung der Punkte $\mathbf{p}_2, \ldots, \mathbf{p}_n$ um $\mathbf{p}_1$ im Uhrzeigersinn (erste Reihe, zweites Bild in Abb. 3.11).

[11] Benannt nach dem 1935 in Kalifornien geborenen Mathematiker Ronald Lewis Graham.

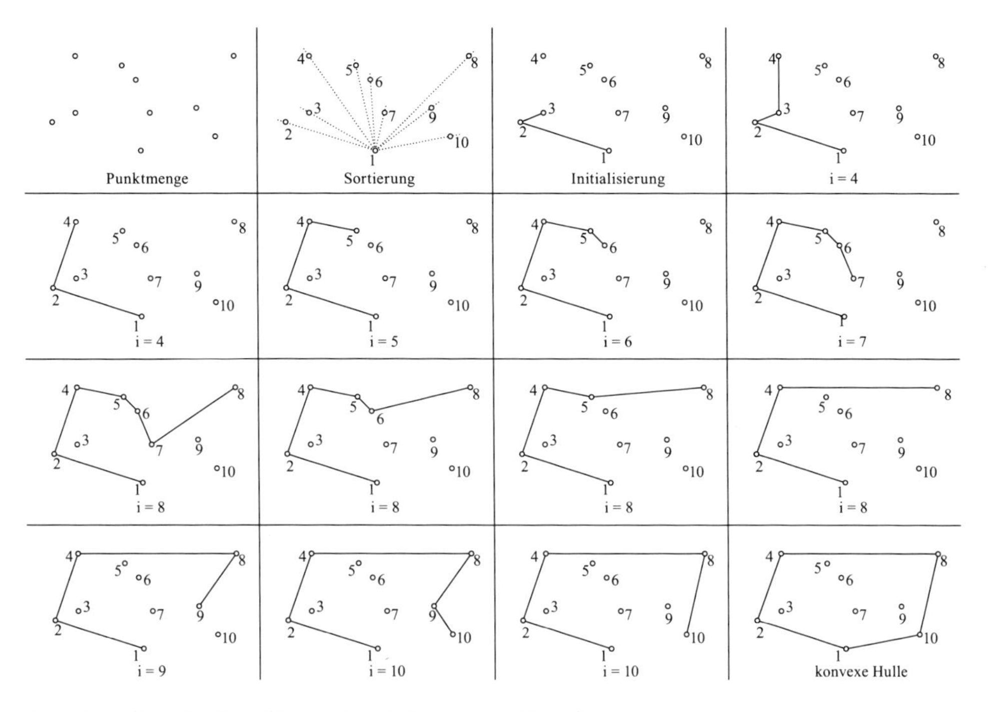

Abb. 3.11 Verschiedene Phasen des Graham-Scan-Algorithmus

Wir starten nun mit dem Teil einer konvexen Hülle, die aus den Punkten $\mathbf{p}_1, \mathbf{p}_2$ und $\mathbf{p}_3$ und den zwei Strecken $\mathbf{p}_1\mathbf{p}_2$ sowie $\mathbf{p}_2\mathbf{p}_3$ besteht, und durchlaufen die Punkte $\mathbf{p}_4, \ldots, \mathbf{p}_n$ in der durch die Sortierung festgelegten Reihenfolge. In jedem Schritt i, $i = 4, \ldots, n$, fügen wir den Punkt $\mathbf{p}_i$ hinzu und verbinden ihn mit dem bisher konstruierten Teil der konvexen Hülle von $\mathbf{p}_1, \ldots, \mathbf{p}_{i-1}$ durch die Strecke $\mathbf{p}_{i-1}\mathbf{p}_i$. Um dabei den Teil der konvexen Hülle der bisher betrachteten Punkte $\mathbf{p}_1, \ldots, \mathbf{p}_i$ aufrechtzuerhalten, werden Punkte, die durch das Hinzufügen von $\mathbf{p}_i$ in das Innere fallen, entfernt. Dabei handelt es sich um Punkte $\mathbf{p}_j$, $j < i$, die zu $\mathbf{p}_i$ benachbart sind und im bisher konstruierten Teilpolygon einen Innenwinkel größer π aufspannen. Nach dem Entfernen eines solchen Punktes kann es mehrfach vorkommen, dass der zu $\mathbf{p}_i$ nun neu benachbarte Punkt ebenfalls einen Innenwinkel größer π aufspannt, siehe Abb. 3.11. Das heißt, der Löschvorgang wird solange wiederholt, bis alle Punkte einen konvexen Winkel aufspannen. Dabei ist zu beachten, dass der Innenwinkel-Test ebenfalls mit der Operation cc() durchgeführt wird, also keine Winkelfunktionen berechnet werden müssen, da nur die Orientierung der aktuell letzten drei Punkte betrachtet werden muss.

Um diesen Teil effizient implementieren zu können, verwenden wir als Datenstruktur einen Stapel. Dieser unterstützt, analog zu einem Buchstapel, folgende Operationen jeweils in konstanter Zeit (also unabhängig von der Größe (Höhe) des Stapels):

- Einfügen eines Elementes am (oberen) Stapelende;
- Entfernen eines Element vom (oberen) Stapelende;
- Betrachten der beiden obersten Elemente des Stapels.

Unsere Elemente sind dabei die Punkte von **P**. Wir starten, indem wir die Punkte $\mathbf{p}_1, \mathbf{p}_2$ und $\mathbf{p}_3$ in dieser Reihenfolge auf den Stapel geben. In Schritt i werden nun die beiden obersten Punkte des Stapels mit dem neuen Punkt $\mathbf{p}_i$ verglichen, und der oberste Punkt des Stapels entfernt, solange der Innenwinkel größer π ist. Dann wird der Punkt $\mathbf{p}_i$ auf den Stapel gelegt, womit Schritt i beendet ist. Am Ende des Verfahrens enthält der Stapel alle Extremalpunkte von **P** in der Reihenfolge, in der sie auf $\delta\mathrm{KH}(\mathbf{P})$ liegen, wobei noch die Verbindung von $\mathbf{p}_n$ zu $\mathbf{p}_1$ hinzugefügt werden muss, um $\delta\mathrm{KH}(\mathbf{P})$ zu schließen.

Zur Laufzeitanalyse teilen wir den Algorithmus in zwei Teile. Zur Initialisierung wird zuerst ein Extremalpunkt in $\mathcal{O}(n)$ Zeit durch simples Vergleichen der Koordinatenwerte ermittelt. Das Sortieren der Punkte erfolgt in $\mathcal{O}(n \log n)$ Zeit mit einem beliebigen, laufzeitoptimalen Sortierverfahren. Im zweiten Teil, der eigentlichen Berechnung der konvexen Hülle, wird jeder Punkt nur genau einmal auf den Stapel gegeben, und ein Punkt wird maximal einmal wieder vom Stapel gelöscht. Daher werden insgesamt nur $\mathcal{O}(n)$ Stapeloperationen ausgeführt. Da jede Stapeloperation nur konstante Zeit benötigt, ergibt sich für diesen Teil ein Laufzeitbedarf von $\mathcal{O}(n)$. Es dominiert also der Zeitbedarf für das Sortieren, und wir erhalten insgesamt die obere Laufzeitschranke $\mathcal{O}(n \log n) + \mathcal{O}(n) = \mathcal{O}(n \log n)$.

Für die Speicheranalyse sieht man leicht, dass der Stapel maximal n Elemente beinhalten kann und kein weiterer Speicher benötigt wird. Daher können wir wie folgt zusammenfassen:

Satz *Die konvexe Hülle von n Punkten in der Ebene kann in $\mathcal{O}(n \log n)$ Zeit mit $\mathcal{O}(n)$ Speicherbedarf berechnet werden.*

Obwohl es sich bei dem vorgestellten Algorithmus um einen der ersten Algorithmen zur Berechnung der konvexen Hülle handelt, ist er asymptotisch laufzeitoptimal. Es kann gezeigt werden, dass für jeden deterministischen Algorithmus zur Berechnung der konvexen Hülle eine Punktmenge als Eingabe existiert, für die er zumindest $\Omega(n \log n)$ Laufzeit benötigt (vgl. Abschn. 2.3 für asymptotische Notationen). Als zentrale Beobachtung wird dabei verwendet, dass man Zahlen unter Zuhilfenahme von Algorithmen zur Berechnung der konvexen Hülle sortieren kann (vgl. Aufgaben zu diesem Kapitel). Da es für das Sortieren von n Zahlen eine untere Laufzeitschranke von $\Omega(n \log n)$ im langsamsten Fall gibt, folgt die Behauptung. Auch in der Praxis erweist sich der Graham-Scan als gute Lösung, da er einfach zu implementieren und Sortieren der zeitlich dominierende Teil ist. Gerade für Sortierverfahren existieren aber sehr effiziente Implementierungen.

Es gibt mehr als ein Dutzend verschiedener Verfahren zur Berechnung der konvexen Hülle in der Ebene. Einige verwenden die Tatsache, dass die Anzahl h der Eckpunkte des Randes $\delta\mathrm{KH}(\mathbf{P})$ der konvexen Hülle wesentlich kleiner sein kann als die Anzahl n der gegebenen Punkte, also $h \ll n$. Damit kann in diesen Fällen die untere Laufzeitschranke von $\Omega(n \log n)$ unterboten werden. So erreicht der 1986 entwickelte Algorithmus von Kirkpatrick und Seidel eine Laufzeit von $\mathcal{O}(n \log h)$. Dieser wurde 1992 von T.M. Chan stark vereinfacht und ist daher auch gut implementierbar.

Da das Verfahren von Graham auf einer Sortierung der Punktmenge beruht, besitzt es den Nachteil, dass es nicht auf höhere Dimensionen verallgemeinert werden kann. Sortierung ist ein eindimensionales Problem, und es ist keine entsprechende Methode bekannt, mit der Punkte z. B. zweidimensional angeordnet werden können, sodass ein zum Graham-Scan analoges Verfahren zur Berechnung der konvexen Hülle in 3-D möglich wäre. Daher betrachten wir im folgenden Abschnitt alternative Verfahren.

Konvexe Hülle in 3-D Die Definition der konvexen Hülle ist unabhängig von der Dimension des zugrunde liegenden Raumes. Jedoch ist der Rand der konvexen Hülle in 3-D natürlich vielfältiger als in 2-D. Während der Rand in 2-D nur aus Strecken und Punkten besteht, kommen in 3-D auch (konvexe) Flächen hinzu. Daher wird $\delta\mathrm{KH}(\mathbf{P})$ in 3-D auch die Oberfläche der konvexen Hülle genannt. Wenn die Punkte in 3-D in allgemeiner Lage sind (keine vier Punkte liegen in einer gemeinsamen Ebene), dann sind die Flächenstücke der Oberfläche Dreiecke.

Aus der zu Beginn von Abschn. 2.4 unter Verwendung des Eulerschen Polyedersatzes gewonnenen Folgerung über die Komplexität von Triangulierungen ergibt sich überraschenderweise dennoch eine lineare Komplexität der konvexen Hülle von n Punkten in 3-D. Der Rand dieser konvexen Hülle besitzt maximal $3n - 6$ Kanten und $2n - 4$ Flächen. Zur Abschätzung der Anzahl von Flächen ist dabei die Beobachtung wichtig, dass die umgebende Fläche einer Triangulierung in der Ebene auf der Oberfläche der konvexen Hülle selbst ein Flächenstück darstellt und wir daher den subtraktiven Term -4 anstatt -5 erhalten.

Da also die asymptotische Komplexität der konvexen Hülle in 3-D jener in 2-D entspricht, ist es unser Ziel, auch die Berechnung der konvexen Hülle in 3-D in Zeit $\mathcal{O}(n \log n)$ durchzuführen. Allgemein kann gezeigt werden, dass die Komplexität der konvexen Hülle im E^d bis zu $\Omega(n^{\lfloor d/2 \rfloor})$ betragen kann. Man sieht, dass die lineare Komplexität nur in 2-D und 3-D gegeben ist, und daher $\mathcal{O}(n \log n)$-Algorithmen nur in diesen Dimensionen möglich sind. Existierende optimale Algorithmen zur Berechnung der konvexen Hülle im E^d für $d \geq 4$ haben eine obere Laufzeitschranke von $\mathcal{O}(n^{\lfloor d/2 \rfloor})$.

Im Folgenden wollen wir das zugrunde liegende Prinzip zweier Methoden zur Berechnung der konvexen Hülle in 3-D betrachten. Beide Verfahren können auf höhere Dimensionen verallgemeinert werden. Einige Details der Implementierungen sind jedoch bereits in 3-D sehr umfangreich, weshalb wir hier auf eine ausführliche Beschreibung verzichten müssen. Des Weiteren betrachten wir zur Vereinfachung nur Punktmengen in allgemeiner Lage, d. h., keine vier Punkte liegen in einer gemeinsamen Ebene.

Divide and Conquer Bei diesem allgemeinen Prinzip (dt. „teile und herrsche“) wird die Aufgabe zuerst in kleinere Teilprobleme zerlegt und daraus anschließend die Lösung für

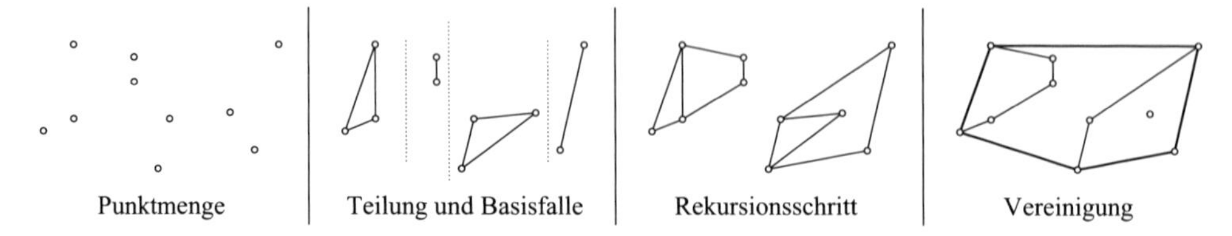

Abb. 3.12 2-D-Darstellung der verschiedenen Schritte des Divide-and-Conquer-Verfahrens

das Gesamtproblem ermittelt. Für die Berechnung der konvexen Hülle bedeutet dies, dass wir zuerst die Punktmenge bezüglich der x-Werte in zwei (annähernd) gleich große Teile spalten und dann unabhängig die konvexen Hüllen für diese beiden Teile berechnen. Danach werden die beiden konvexen Hüllen der Hälften zur gesamten konvexen Hülle vereinigt. Abbildung 3.12 zeigt eine einfache Darstellung des Ablaufes in 2-D. Solange ein Teilproblem dabei aus zumindest fünf Punkten besteht, wird es durch wiederholtes (rekursives) Teilen in kleinere Teilprobleme zerlegt. Die konvexe Hülle von vier oder weniger Punkten kann in 3-D einfach direkt angegeben werden.

Zu Beginn wird die gesamte Punktmenge einmal nach ihren x-Koordinaten in $\mathcal{O}(n \log n)$ Zeit vorsortiert. Damit kann das Teilen der Punktmenge jeweils in einer Zeit erfolgen, die proportional zur Anzahl der Punkte ist. Sei nun $T(n)$ die Zeit, die der rekursive Algorithmus benötigt, um die konvexe Hülle von n Punkten zu berechnen (ohne das anfängliche Sortieren). Wenn auch der Vereinigungsschritt in linearer Zeit durchgeführt werden kann, dann erhalten wir folgende rekursive Zeitgleichung: $T(n) = \mathcal{O}(n) + 2T(n/2) + \mathcal{O}(n)$. Dies lässt sich zu $T(n) = \mathcal{O}(n \log n)$ auflösen, d. h., der gesamte Algorithmus benötigt inklusive Vorsortierung $\mathcal{O}(n \log n)$ Zeit.

Betrachten wir daher das Vereinigen zweier konvexer Hüllen zu einer gemeinsamen konvexen Hülle etwas genauer. Zuerst ermitteln wir eine Tangentialebene $\tilde{\mathbf{G}}$ an beide konvexe Hüllen, sodass die Ebene unter diesen Hüllen liegt. Dazu starten wir mit je einem Extremalpunkt aus den beiden Hälften, $\mathbf{p}$ und $\mathbf{q}$, und legen eine Ebene durch diese beiden Punkte, die parallel zur y-Achse liegt. Wir testen nun die auf dem Rand der jeweiligen konvexen Hüllen zu $\mathbf{p}$ (bzw. $\mathbf{q}$) über Kanten benachbarten Punkte, ob diese unter $\tilde{\mathbf{G}}$ liegen. Wenn dies der Fall ist, wird $\mathbf{p}$ (bzw. $\mathbf{q}$) durch einen solchen Punkt ersetzt. Der Vorgang wird solange wiederholt, bis kein benachbarter Punkt mehr unter $\tilde{\mathbf{G}}$ liegt, d. h., dass $\mathbf{p}$ (bzw. $\mathbf{q}$) lokale Minima in Bezug auf $\tilde{\mathbf{G}}$ darstellen. Aufgrund der Konvexität der beiden Teilhüllen ist damit $\tilde{\mathbf{G}}$ eine untere Tangentialebene. Da die Komplexität der Teilhüllen linear in der Anzahl ihrer Punkte ist und jeder Vergleichsschritt nur konstante (amortisierte) Zeit benötigt, kann $\tilde{\mathbf{G}}$ in $\mathcal{O}(n)$ Zeit berechnet werden.

Um nun die vereinigte konvexe Hülle zu berechnen, lassen wir $\tilde{\mathbf{G}}$ Schritt für Schritt gemeinsam um die beiden Teilhüllen rotieren. In jedem Schritt wird dabei ein Flächenstück berechnet, das eine Verbindung zwischen den beiden Teilen bildet. Dazu rotiert $\tilde{\mathbf{G}}$ immer um jene Kante $\mathbf{pq}$ zwischen den beiden Teilen, die den Rand der bisher berechneten Hülle bildet, solange bis $\tilde{\mathbf{G}}$ einen weiteren Punkt $\mathbf{r}$ berührt und damit ein neues, verbindendes

Flächenstück erzeugt (das Dreieck **pqr**). Die zentrale Beobachtung ist nun, dass **r** entweder zu **p** oder zu **q** benachbart ist und daher das neue Flächenstück eine Kante auf einer der beiden Teilhüllen besitzt. Der Vorgang wird solange wiederholt, bis die Ebene $\tilde{\mathbf{G}}$ wieder in ihrer Ausgangslage und die konvexe Hülle somit geschlossen ist. Analog zur vorhergehenden Argumentation werden maximal $\mathcal{O}(n)$ neue Flächen in $\mathcal{O}(n)$ Zeit erzeugt.

Wir haben nun alle Elemente von $\delta\text{KH}(\mathbf{P})$ in $\mathcal{O}(n)$ Zeit berechnet. Allerdings müssen noch jene Teile, die sich jetzt im Inneren der konvexen Hülle befinden, gelöscht werden. Erstaunlicherweise erweist sich dieser Teil des Algorithmus als der komplizierteste. Dies liegt daran, dass der durch die hinzugefügten Flächen auf den Teilhüllen gebildete Rand kein einfacher Zyklus sein muss. Er kann z. B. zu einem Punkt, einer Strecke oder auch zwei Dreiecken, die nur durch eine Strecke verbunden sind, entarten. Jedoch ist jener Teil, der entfernt werden muss, immer zusammenhängend. Diese Nachbarschaft der Flächen kann man dazu benutzen, alle Elemente schrittweise in $\mathcal{O}(n)$ Zeit zu entfernen. Eine Implementierung muss dabei jedoch mehrere verschiedene Fälle unterscheiden, weshalb wir hier auf weitere Details verzichten.

Iteratives Einfügen Der folgende Algorithmus baut die konvexe Hülle Schritt für Schritt auf, indem die Punkte in zufälliger Reihenfolge zur bereits bestehenden konvexen Hülle hinzugefügt werden. Es handelt sich also nicht um einen deterministischen, sondern um einen randomisierten Algorithmus, und die Analyse wird daher einen Erwartungswert für die Laufzeitschranke ergeben.[12]

Zu Beginn werden die Punkte von **P** in eine zufällige Reihenfolge $\mathbf{p}_1, \mathbf{p}_2, \ldots, \mathbf{p}_n$ gebracht. Wir starten mit dem Tetraeder $\mathbf{p}_1\mathbf{p}_2\mathbf{p}_3\mathbf{p}_4$, welcher die konvexe Hülle dieser vier Punkte darstellt. Für $i = 5, \ldots, n$ wird im Schritt i die konvexe Hülle um den Punkt $\mathbf{p}_i$ erweitert, d. h., $\text{KH}(\mathbf{p}_1, \ldots, \mathbf{p}_i)$ wird aus $\text{KH}(\mathbf{p}_1, \ldots, \mathbf{p}_{i-1})$ berechnet. Beim Hinzufügen von $\mathbf{p}_i$ gibt es zwei Möglichkeiten: Liegt $\mathbf{p}_i$ im Inneren von $\text{KH}(\mathbf{p}_1, \ldots, \mathbf{p}_{i-1})$, so kann $\mathbf{p}_i$ gelöscht werden und es gilt $\text{KH}(\mathbf{p}_1, \ldots, \mathbf{p}_i) = \text{KH}(\mathbf{p}_1, \ldots, \mathbf{p}_{i-1})$. Anderenfalls werden die von $\mathbf{p}_i$ aus sichtbaren Kanten und Flächen von $\text{KH}(\mathbf{p}_1, \ldots, \mathbf{p}_{i-1})$ gelöscht und neue, von $\mathbf{p}_i$ ausgehende Tangentialflächen und Kanten hinzugefügt. Ein einfaches Beispiel in 2-D wird in Abb. 3.13 gezeigt.

Wir benötigen also eine Möglichkeit, einfach feststellen zu können, wann ein Punkt im Inneren der bereits konstruierten konvexen Hülle liegt. Dazu berechnen wir für jeden Punkt einen Zeugen, der diese Information bereithält. Sei **x** ein Punkt (nicht Element von **P**), der im Inneren des Starttetraeders liegt, z. B. der Schwerpunkt von $\mathbf{p}_1, \ldots, \mathbf{p}_4$. Für jeden Punkt $\mathbf{p}_i \in \{\mathbf{p}_5, \ldots, \mathbf{p}_n\}$ berechnen wir den Schnitt der Strecke $\mathbf{x}\mathbf{p}_i$ mit einer der vier Flächen des Tetraeders. Wenn kein solcher Schnitt existiert, kann $\mathbf{p}_i$ gelöscht werden, da er

[12] Der hier vorgestellte Algorithmus beruht auf dem von Clarkson und Shor 1989 publizierten randomisierten Algorithmus zur Berechnung der konvexen Hülle in 3-D. Durch Vertikalprojektion lässt sich damit auch effizient die 2-D-Delaunay-Triangulierung berechnen (vgl. Abschn. 2.4). Kenneth Lee Clarkson ist ein amerikanischer Computerwissenschaftler, der vor allem für seine Arbeiten im Bereich der algorithmischen Geometrie bekannt ist. Peter Williston Shor (*1959) ist Mathematiker am MIT und bekannt für seine theoretischen Arbeiten zu Quantencomputern.

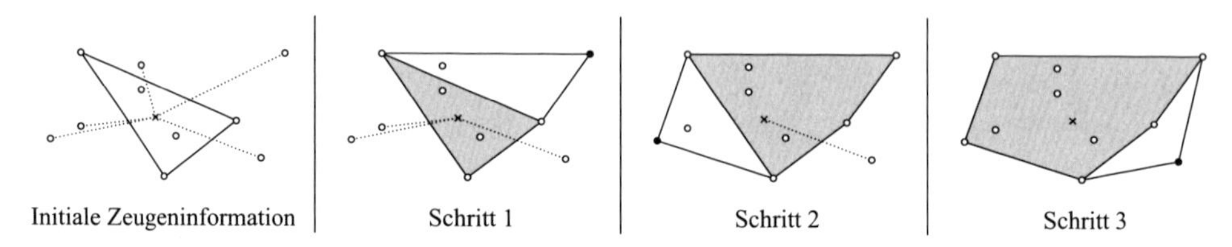

Abb. 3.13 2-D-Darstellung der verschiedenen Schritte des iterativen Verfahrens

im Inneren des Starttetraeders und damit nicht am Rand der zu berechnenden konvexen Hülle von **P** liegt. Anderenfalls wird die geschnittene Fläche als Zeuge für den Punkt $\mathbf{p}_i$ gespeichert.

Wird nun im Schritt i der Punkt $\mathbf{p}_i$ eingefügt, so zeigt die Existenz eines Zeugens, dass $\mathbf{p}_i$ außerhalb von $\mathrm{KH}(\mathbf{p}_1, \ldots, \mathbf{p}_{i-1})$ liegt. Des Weiteren ist die Fläche, die den Zeugen darstellt, ein Element, das sicher in das Innere der neuen konvexen Hülle $\mathrm{KH}(\mathbf{p}_1, \ldots, \mathbf{p}_i)$ fällt. Analog zum Divide-and-Conquer-Verfahren ist der gesamte zu entfernende Bereich von $\mathrm{KH}(\mathbf{p}_1, \ldots, \mathbf{p}_{i-1})$ zusammenhängend und kann daher vom Zeugen ausgehend gelöscht werden, bis man den von $\mathbf{p}_i$ aus erreichbaren Rand erhält. Nun können die neuen Flächen von diesem Rand zu $\mathbf{p}_i$ hinzugefügt werden, um $\mathrm{KH}(\mathbf{p}_1, \ldots, \mathbf{p}_i)$ zu erhalten. Im Gegensatz zum vorhergehenden Verfahren sieht man leicht, dass der Rand einen einfachen Zyklus bildet, was ein Vorteil dieser Methode ist. Dennoch müssen auch hier beim Löschen und Einfügen einige Details für eine Implementierung berücksichtigt werden, auf die wir nicht näher eingehen wollen.

Zu beachten ist jedoch, dass sich durch das Löschen von Flächen die Zeugeninformation für jene Punkte ändert, die eine solche Fläche als Zeuge hatten. Für jeden betroffenen Punkt $\mathbf{p}_i$ muss daher getestet werden, ob eine der neu hinzugekommenen Flächen die Strecke $\mathbf{x}\mathbf{p}_i$ schneidet. Dadurch erhält man entweder einen neuen Zeugen, oder man kann $\mathbf{p}_i$ löschen, wenn kein Zeuge mehr vorliegt.

Da für jeden Punkt nur Information konstanter Größe gespeichert werden muss, benötigt auch dieser Algorithmus $\mathcal{O}(n)$ Speicher. Die Zeitanalyse ist jedoch nicht so einfach. Es kann passieren, dass für einen festen Punkt $\mathbf{p}_k$ in jedem Schritt $i < k$ der Zeuge von $\mathbf{p}_k$ neu berechnet werden muss. Außerdem kann es sein, dass sich in einem Schritt die Zeugen von linear vielen Punkten verändern. Im gesamten Verfahren führt dies im schlechtesten Fall auf quadratisch viele Anpassungen von Zeugen. Analog kann es passieren, dass in einem Schritt linear viele Flächen gelöscht und ebenso viele neu erzeugt werden. Auch dies kann im schlechtesten Fall auf insgesamt quadratisch viele erzeugte Flächen führen. Beide Argumente zeigen, dass für diesen Algorithmus lediglich eine $\mathcal{O}(n^2)$ Laufzeitschranke angegeben werden kann. Man nutzt nun aber die Tatsache, dass die Punkte in zufälliger Reihenfolge eingefügt werden. Dadurch ist es sehr unwahrscheinlich, dass in jedem Schritt linearer Aufwand entsteht. Es kann gezeigt werden, dass im erwarteten Fall pro Punkt $\mathcal{O}(\log n)$ viele Zeugen berechnet werden müssen und insgesamt nur linear viele Flächen erzeugt werden. Letzteres folgt, vereinfacht dargestellt, aus der Tatsache, dass der durchschnittliche Knotengrad der Oberfläche kleiner 6 ist (vgl. Abschn. 2.4 über Triangulierungen), und damit im Mittel weniger als sechs neue Flächen pro Punkt hinzugefügt werden. Insgesamt ergibt sich daher eine erwartete Laufzeit von $\mathcal{O}(n \log n)$ für dieses Verfahren.

Die beiden vorgestellten Methoden lassen sich auch in höheren Dimensionen implementieren, jedoch nehmen dabei sowohl der Laufzeitbedarf als auch die Komplexität der resultierenden konvexen Hülle mit $\Omega(n^{\lfloor d/2 \rfloor})$ rasch zu. So erhält man bereits für 6-D eine kubische Laufzeit/Komplexität, was umfangreichere Datenmengen oft nicht zulässt.

3.5 Aufgaben

1. Zeigen Sie, dass $\frac{1}{2}\det^+(\mathbf{v}_0, \mathbf{v}_1, \mathbf{v}_2)$ der orientierte Flächeninhalt des Dreiecks mit den drei Eckpunkten $\mathbf{v}_0, \mathbf{v}_1, \mathbf{v}_2 \in \mathbb{R}^2$ ist.
2. In der Ebene sei ein Dreieck mit den Kantenlängen a, b und c gegeben. Zeigen Sie, dass der Inkreismittelpunkt bezüglich dieses Dreiecks die baryzentrischen Koordinaten
$$\xi_0 = \frac{a}{a+b+c}, \quad \xi_1 = \frac{b}{a+b+c}, \quad \text{und} \quad \xi_2 = \frac{c}{a+b+c}$$
besitzt. Verallgemeinern Sie dieses Resultat auf den Fall eines Tetraeders im dreidimensionalen Raum.
3. Verwenden Sie die Resultate der Aufgaben 1.1 und 1.2, um einen Beweis für den Satz von Ceva[13] zu geben. Dieser Satz wird in Abb. 3.14 beschrieben.
4. Die Bernstein-Polynome genügen der Rekursionsformel
$$B_i^g(t) = \frac{b-t}{b-a} B_i^{g-1}(t) + \frac{t-a}{b-a} B_{i-1}^{g-1}(t), \qquad i = 0, \dots, n$$
mit $B_0^0(t) = 1$ und $B_j^g(t) = 0$ für alle $g \in \mathbb{N}$, $j \notin \{0, \dots, g\}$. Beweisen Sie diese Rekursion.
5. Beweisen Sie die Symmetrieeigenschaften (3.10) der Bernstein-Polynome und die Ableitungsformel (3.11) für Bézier-Kurven.
6. Gegeben sei eine quadratische Bézier-Kurve mit den Kontrollpunkten $\mathbf{b}_0$, $\mathbf{b}_1$ und $\mathbf{b}_2$ und dem Parameterintervall $[0, 1]$. Ermitteln Sie mit Hilfe des Algorithmus von de Casteljau die Darstellung dieser polynomialen Kurve als Bézier-Kurve bezüglich der Intervalle $[0, 2]$ und $[1, 2]$.
7. Geben Sie die Matrizen an, die die Basen der Monome, der Lagrange-Polynome mit den Knoten $(0, 1, 2, 3)$ und der Bernstein-Polynome bezüglich des Intervalls $[0, 3]$ für den Polynomgrad $g = 3$ ineinander transformieren.
8. Stellen Sie die polynomialen Kurven $(t, t^3)^T$ und $(1+t, 1+t^3)^T$ bezüglich der in der vorigen Aufgabe angegebenen Basen dar. Wie unterscheiden sich jeweils die Koeffizienten/Kontrollpunkte der beiden Kurven voneinander?
9. Beweisen Sie die Konvexe-Hülle-Eigenschaft der Bézier-Kurven mit Hilfe des Algorithmus von de Casteljau.
10. Welche Komplexität besitzt der Algorithmus von de Casteljau zur Auswertung eines Polynoms bezüglich des Polynomgrades g?

[13] Der italienische Mathematiker Giovanni Ceva (1647–1734) wirkte seit 1686 in Mantua. Den später nach ihm benannten Satz veröffentlichte er im Jahre 1678.

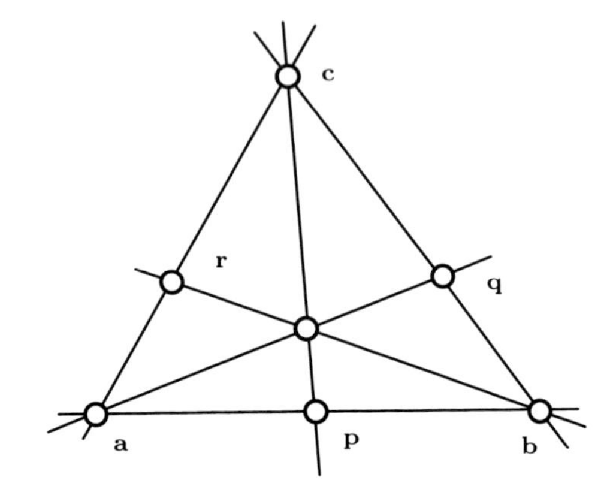

Abb. 3.14 Satz von Ceva. In der angegebenen Konfiguration, bei der sich die drei Geraden $\tilde{\mathbf{a}} \vee \tilde{\mathbf{q}}$, $\tilde{\mathbf{b}} \vee \tilde{\mathbf{r}}$ und $\tilde{\mathbf{c}} \vee \tilde{\mathbf{p}}$ in einem beliebigen Punkt im Inneren des Dreiecks schneiden, hat das Produkt der drei Teilverhältnisse $\mathrm{TV}(\mathbf{a}, \mathbf{b}, \mathbf{p})$, $\mathrm{TV}(\mathbf{b}, \mathbf{c}, \mathbf{q})$ und $\mathrm{TV}(\mathbf{c}, \mathbf{a}, \mathbf{r})$ stets den Wert Eins

11. Geben Sie eine Menge von n Punkten in der Ebene an, für die im letzten Einfügeschritt des Algorithmus zur Berechnung der konvexen Hülle nach Graham genau $n - 3$ Punkte vom Stapel entfernt werden.
12. Zeigen Sie, dass man mit Hilfe von Algorithmen zur Berechnung der konvexen Hülle von n Punkten in der Ebene auch n Zahlen sortieren kann.
13. Der Durchmesser einer Punktemenge **P** ist als der maximale Abstand zweier Punkte aus **P** definiert. Zeigen Sie, dass die beiden Punkte, die den Durchmesser von **P** festlegen, am Rand der konvexen Hülle von **P** liegen.
14. Die Weite einer Punktmenge **P** ist der minimale Abstand zweier paralleler Tangenten, die an den Rand der konvexen Hülle von **P** gelegt werden können. Zeigen Sie, wie die Weite von **P** in Zeit $\mathcal{O}(|\delta\mathrm{KH}(\mathbf{P})|)$ berechnet werden kann, wenn $\delta\mathrm{KH}(\mathbf{P})$ gegeben ist.
15. Geben Sie eine Punktmenge **P** in 3-D sowie eine Einfügereihenfolge für **P** an, sodass der Algorithmus zum Berechnen der konvexen Hülle von **P** durch iteratives Einfügen (ohne zufällige Veränderung der Einfügereihenfolge) insgesamt $\Omega(n^2)$ viele Zeugeninformationen und Flächen berechnen muss.

4 Projektive Geometrie

Die projektive Geometrie entstand als Verallgemeinerung der affinen und der euklidischen Geometrie, insbesondere im Zusammenhang mit der perspektivischen Darstellung dreidimensionaler Objekte des Anschauungsraums in der Ebene. Sie erlaubt es, die anderen Geometrien als Spezialfälle zu behandeln. Dieses Kapitel behandelt die Invarianten der projektiven Geometrie, beschreibt die Darstellung rationaler Kurven sowie die Klassifizierung der Kegelschnitte und Flächen zweiter Ordnung und geht abschließend darauf ein, wie sich andere Geometrien (sowohl die bereits bekannte affine Geometrie und euklidische Geometrie als auch weitere, nichteuklidische Geometrien) durch Einschränkungen der projektiven Abbildungsgruppe gewinnen lassen.

4.1 Projektive Abbildungen und Doppelverhältnis

Projektive Geometrie beschäftigt sich mit denjenigen Eigenschaften geometrischer Objekte, die gegenüber projektiven Abbildungen invariant sind. Zur Untersuchung dieser Eigenschaften betrachten wir erneut projektive Abbildungen

$$\tilde{\pi} : \bar{E}^d \to \bar{E}^d : \tilde{\mathbf{p}} \mapsto \tilde{\pi}(\tilde{\mathbf{p}}) = A\tilde{\mathbf{p}}, \tag{4.1}$$

wie sie bereits in (1.22) eingeführt wurden. Je nachdem, ob die $(d+1) \times (d+1)$-Matrix A regulär oder singulär ist, unterscheidet man zwischen regulären und singulären projektiven Abbildungen. Eine singuläre projektive Abbildung ist nur für diejenigen Punkte definiert, deren homogene Koordinaten nicht im Kern der Matrix A liegen.

Zunächst ermitteln wir wieder die Anzahl der Freiheitsgrade der projektiven Abbildungen.

O. Aichholzer, B. Jüttler, *Einführung in die angewandte Geometrie*, Mathematik Kompakt,
DOI 10.1007/978-3-0346-0651-6_4, © Springer Basel 2014

Satz *Eine projektive Abbildung besitzt $d(d+2)$ Freiheitsgrade. Gegeben seien $d+2$ Punkte $\tilde{\mathbf{g}}_i$ $(i = 0, \ldots, d)$ und $\tilde{\mathbf{e}}$ in allgemeiner Lage. Dann gibt es genau eine projektive Abbildung, die die insgesamt $d + 2$ Punkte $\tilde{\mathbf{g}}_i^\circ = (\delta_0^i, \ldots, \delta_d^i)^T$, $i = 0, \ldots, d$, und $\tilde{\mathbf{e}}^\circ = (1, \ldots, 1)^T$ in diese Bildpunkte überführt. Diese projektive Abbildung ist regulär.*

Beweis Da die Bildpunkte in allgemeiner Lage sind, existieren Koeffizienten $\lambda_i \in \mathbb{R}$ derart, dass

$$\tilde{\mathbf{e}} = \lambda_0 \tilde{\mathbf{g}}_0 + \lambda_1 \tilde{\mathbf{g}}_1 + \ldots + \lambda_d \tilde{\mathbf{g}}_d$$

gilt. Überdies sind diese Koeffizienten sämtlich von Null verschieden. Die gesuchte projektive Abbildung muss den Bedingungen

$$\mathbb{R}\tilde{\mathbf{g}}_i = \mathbb{R}A\tilde{\mathbf{g}}_i^\circ, \quad i = 0, \ldots, d, \quad \text{und} \quad \mathbb{R}\tilde{\mathbf{e}} = \mathbb{R}A\tilde{\mathbf{e}}^\circ$$

genügen. Offenbar ist dies genau dann der Fall, wenn die Spalten der Abbildungsmatrix $\tilde{\mathbf{A}}$ gerade durch die Vektoren $\lambda_i \tilde{\mathbf{g}}_i$ $(i = 0, \ldots, d)$ gebildet werden. Aufgrund der vorausgesetzten allgemeinen Lage sind diese Vektoren sämtlich linear unabhängig und die Abbildung ist somit regulär. □

Die $d + 2$ Punkte $\tilde{\mathbf{g}}_i^\circ$ $(i = 0, \ldots, d)$ und $\tilde{\mathbf{e}}^\circ$ werden auch als Grund- und Einheitspunkte des projektiven Koordinatensystems bezeichnet.

Gemäß dem vorigen Satz lassen sich beliebige $d + 2$ Punkte als Grund- und Einheitspunkte eines solchen Koordinatensystems wählen, indem die entsprechenden Punkte des Standard-Koordinatensystems durch eine geeignete projektive Abbildung in diese transformiert werden.

Durch geeignete projektive Abbildungen (bzw. durch die Wahl eines geeigneten projektiven Koordinatensystems) lassen sich Beweise geometrischer Aussagen stark vereinfachen. Dies ist z. B. beim Satz von Pappus (siehe Abschn. 1.3 und Abb. 1.5) der Fall:

Beweis Sei $\tilde{\mathbf{s}}^0$ der (in der Abbildung nicht gezeigte) Schnittpunkt der beiden Geraden $\tilde{\mathbf{p}}^1 \vee \tilde{\mathbf{p}}^2$ und $\tilde{\mathbf{q}}^1 \vee \tilde{\mathbf{q}}^2$. Durch eine reguläre projektive Abbildung $\tilde{\pi}$ lassen sich die Grundpunkte $(1,0,0)^T$, $(0,1,0)^T$ und $(0,0,1)^T$ in den Schnittpunkt $\tilde{\mathbf{s}}^0$, in den Punkt $\tilde{\mathbf{p}}^1$ und in den Punkt $\tilde{\mathbf{q}}^1$ abbilden. Darüber hinaus kann der Punkt $\tilde{\mathbf{s}}^3$ als Bild des Einheitspunktes $(1,1,1)^T$ gewählt werden. Die Bilder der beiden Geraden $\tilde{\mathbf{p}}^1 \vee \tilde{\mathbf{p}}^2$ und $\tilde{\mathbf{q}}^1 \vee \tilde{\mathbf{q}}^2$ bei der Umkehrabbildung $\tilde{\pi}^{-1}$ besitzen dann notwendigerweise die Koordinaten $(0,0,1)^T$ und $(0,1,0)^T$. Als Bilder von $\tilde{\mathbf{p}}^2$ und $\tilde{\mathbf{q}}^2$ ergeben sich

$$\tilde{\pi}^{-1}(\tilde{\mathbf{p}}^2) = (0,0,1) \wedge [\tilde{\pi}^{-1}(\tilde{\mathbf{q}}^1) \vee \tilde{\pi}^{-1}(\tilde{\mathbf{s}}^3)] = (1,1,0)^T$$

sowie

$$\tilde{\pi}^{-1}(\tilde{\mathbf{q}}^2) = (0,1,0) \wedge [\tilde{\pi}^{-1}(\tilde{\mathbf{p}}^1) \vee \tilde{\pi}^{-1}(\tilde{\mathbf{s}}^3)] = (1,0,1)^T.$$

Die Bilder von $\tilde{\mathbf{p}}^3$ und $\tilde{\mathbf{q}}^3$ liegen ebenfalls auf den entsprechenden Geraden und besitzen daher Koordinatenvektoren der Form

$$\tilde{\pi}^{-1}(\tilde{\mathbf{p}}^3) = (a, 1, 0)^T \quad \text{und} \quad \tilde{\pi}^{-1}(\tilde{\mathbf{q}}^3) = (b, 0, 1)^T.$$

Für die Bilder der Schnittpunkte $\tilde{\mathbf{s}}^2$ und $\tilde{\mathbf{s}}^1$ erhält man nach kurzer Rechnung

$$\tilde{\pi}^{-1}(\tilde{\mathbf{s}}^2) = [\tilde{\pi}^{-1}(\tilde{\mathbf{p}}^1) \vee \tilde{\pi}^{-1}(\tilde{\mathbf{q}}^3)] \wedge [\tilde{\pi}^{-1}(\tilde{\mathbf{p}}^3) \vee \tilde{\pi}^{-1}(\tilde{\mathbf{q}}^1)] = (ba, b, a)^T$$

sowie

$$\tilde{\pi}^{-1}(\tilde{\mathbf{s}}^1) = [\tilde{\pi}^{-1}(\tilde{\mathbf{p}}^2) \vee \tilde{\pi}^{-1}(\tilde{\mathbf{q}}^3)] \wedge [\tilde{\pi}^{-1}(\tilde{\mathbf{p}}^3) \vee \tilde{\pi}^{-1}(\tilde{\mathbf{q}}^2)] = (ba - 1, b - 1, a - 1)^T.$$

Die Bilder der drei Schnittpunkte $\tilde{\mathbf{s}}^1$, $\tilde{\mathbf{s}}^2$, $\tilde{\mathbf{s}}^3$ bei der Umkehrabbildung $\tilde{\pi}^{-1}$ besitzen linear abhängige Koordinatenvektoren und sind folglich kollinear. Aufgrund der Regularität der Abbildung gilt dies dann offensichtlich auch für die Schnittpunkte. □

Projektive Abbildungen erhalten im Allgemeinen weder die Parallelität von Geraden noch Teilverhältnisse. Eine projektive Invariante ist dagegen das Doppelverhältnis:

Definition

Seien $\tilde{\mathbf{p}}, \tilde{\mathbf{q}}, \tilde{\mathbf{r}}, \tilde{\mathbf{s}}$ vier paarweise verschiedene Punkte einer Geraden. Daher gibt es vier Koeffizienten $\lambda_0, \lambda_1, \mu_0, \mu_1$, sodass

$$\tilde{\mathbf{r}} = \lambda_0\, \tilde{\mathbf{p}} + \lambda_1\, \tilde{\mathbf{q}} \quad \text{und} \quad \tilde{\mathbf{s}} = \mu_0\, \tilde{\mathbf{p}} + \mu_1\, \tilde{\mathbf{q}} \tag{4.2}$$

gilt. Der Wert

$$\mathrm{DV}(\tilde{\mathbf{p}}, \tilde{\mathbf{q}}, \tilde{\mathbf{r}}, \tilde{\mathbf{s}}) = \left(\frac{\lambda_1}{\lambda_0}\right) : \left(\frac{\mu_1}{\mu_0}\right) \tag{4.3}$$

wird als das **Doppelverhältnis** der vier Punkte bezeichnet.

Der folgende Satz fasst die wesentlichen Eigenschaften des Doppelverhältnisses zusammen.

Satz *Das Doppelverhältnis ist wohldefiniert, da es nicht von der Wahl der homogenen Koordinaten der Punkte abhängt. Es bleibt bei projektiven Abbildungen erhalten, falls die Gerade durch die vier Punkte wieder auf eine Gerade abgebildet wird.*

Beweis Die erste Aussage folgt daraus, dass sich der Wert des Doppelverhältnisses nicht ändert, wenn die homogenen Koordinaten von $\tilde{\mathbf{p}}$, $\tilde{\mathbf{q}}$, $\tilde{\mathbf{r}}$ oder $\tilde{\mathbf{s}}$ jeweils mit einem von Null

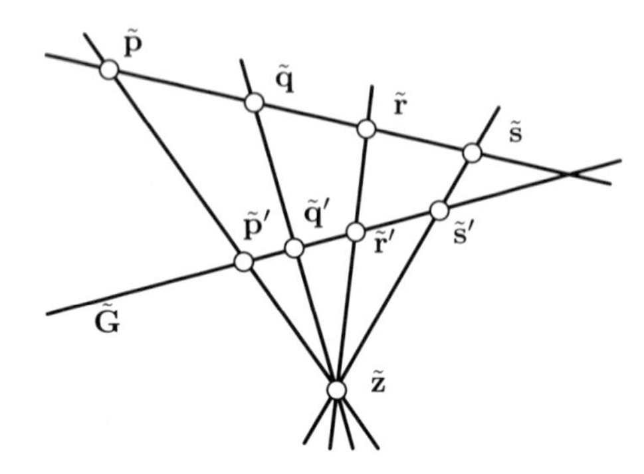

Abb. 4.1 Projektive Invarianz des Doppelverhältnisses

verschiedenen Faktor multipliziert werden. Wird beispielsweise $\tilde{\mathbf{p}}$ durch $\tau\tilde{\mathbf{p}}$ ersetzt, so müssen sowohl λ_0 als auch λ_1 jeweils mit τ multipliziert werden. Diese Änderung hat jedoch keine Auswirkung auf den Wert des Doppelverhältnisses.

Die projektive Invarianz des Doppelverhältnisses folgt daraus, dass die beiden Gleichungen (4.2) bei Multiplikation mit einer Matrix A jeweils unverändert gültig bleiben. □

Abbildung 4.1 zeigt eine Konfiguration, bei der zwei Doppelverhältnisse übereinstimmen. Durch die Abbildung

$$\tilde{\pi}: \quad \tilde{\mathbf{x}} \mapsto (\tilde{\mathbf{z}} \vee \tilde{\mathbf{x}}) \wedge \tilde{\mathbf{G}}$$

werden die vier kollinearen Punkte $\tilde{\mathbf{p}}, \tilde{\mathbf{q}}, \tilde{\mathbf{r}}, \tilde{\mathbf{s}}$ in vier Bildpunkte $\tilde{\mathbf{p}}', \tilde{\mathbf{q}}', \tilde{\mathbf{r}}', \tilde{\mathbf{s}}'$ auf der Geraden $\tilde{\mathbf{G}}$ überführt. Man überzeugt sich leicht davon, dass es sich dabei um eine singuläre projektive Abbildung handelt. In der dargestellten Konfiguration gilt dann

$$\mathrm{DV}(\tilde{\mathbf{p}}, \tilde{\mathbf{q}}, \tilde{\mathbf{r}}, \tilde{\mathbf{s}}) = \mathrm{DV}(\tilde{\mathbf{p}}', \tilde{\mathbf{q}}', \tilde{\mathbf{r}}', \tilde{\mathbf{s}}').$$

4.2 Rationale Kurven

Die Definition einer rationalen Kurve erfolgt analog zu der einer polynomialen Kurve in Abschn. 3.2.

Definition

Eine **rationale Kurve** vom Grad g ist eine Abbildung

$$\tilde{\mathbf{p}}: \quad \mathbb{R} \to \tilde{E}^d: \quad t \mapsto \tilde{\mathbf{p}}(t) = (\tilde{p}_0(t), \ldots, \tilde{p}_d(t))^T,$$

bei der die $d+1$ Koordinatenfunktionen $\tilde{p}_i$ jeweils Polynome vom Grad g in t sind. Schränkt man den Parameterbereich auf ein abgeschlossenes Intervall $[a, b]$ ein, so spricht man von einem **rationalen Kurvenstück**. Ist $(\varphi_i)_{i=0,\ldots,g}$ eine Basis des Vektorraums der Polynome vom Grad g, so besitzt die Kurve eine **Darstellung**

$$\tilde{\mathbf{p}}(t) = \sum_{i=0}^{g} \varphi_i(t)\, \tilde{\mathbf{c}}_i \tag{4.4}$$

bezüglich dieser Basis mit Koeffizientenvektoren $\tilde{\mathbf{c}}_i \in \mathbb{R}^{d+1}$. So erhält man insbesondere **rationale Bézier-Kurven**,

$$\tilde{\mathbf{p}}(t) = \sum_{i=0}^{g} \beta_i^g(t)\, \tilde{\mathbf{b}}_i, \tag{4.5}$$

falls man die Basis der Bernstein-Polynome verwendet.

Die kartesischen Koordinaten

$$p_i(t) = \frac{\tilde{p}_i(t)}{\tilde{p}_0(t)}$$

einer rationalen Kurve sind offenbar rationale Funktionen vom Grad $[g/g]$, die alle denselben Nenner besitzen. Die homogenen Koordinaten dagegen sind Polynome.

Die Koeffizientenvektoren $\tilde{\mathbf{c}}_i \in \mathbb{R}^{d+1}$ liegen nur bis auf einen gemeinsamen Faktor fest. Dies folgt unmittelbar aus der Definition der homogenen Koordinaten.

Rationale Kurven und Kurvenstücke sind offensichtlich invariant unter projektiven Abbildungen. Eine Darstellung (4.4) wird als projektiv invariant bezeichnet, falls für jede projektive Abbildung π die Beziehung

$$\pi(\tilde{\mathbf{p}}(t)) = \sum_{i=0}^{g} \varphi_i(t)\, \pi(\tilde{\mathbf{c}}_i)$$

erfüllt ist. Interpretiert man die Koeffizienten $\tilde{\mathbf{c}}_i$ als homogene Koordinatenvektoren von $g+1$ Punkten, so bleibt die Beziehung zwischen diesen Punkten und der Kurve bei projektiven Abbildungen erhalten (vgl. Abb. 3.2). In diesem Fall werden die Punkte $\mathbf{c}_i$ als *Kontrollpunkte* der rationalen Kurve bezeichnet.

Die Kontrollpunkte einer rationalen Kurve sind offenbar stets *invariant* unter projektiven Abbildungen, unabhängig davon, ob die verwendete Basis zusätzliche Eigenschaften – wie etwa die Zerlegung der Eins – besitzt. Allerdings reichen die Kontrollpunkte nicht aus, um die Kurve vollständig zu beschreiben. In der Tat lässt sich jeder Kontrollpunkt mit einem Faktor $\lambda_i \neq 0$ multiplizieren, ohne ihn zu verändern, obwohl die Kurve dabei in der Regel modifiziert wird. Nur falls alle Faktoren übereinstimmen, also $\lambda_0 = \ldots = \lambda_g$ gilt, bleibt die Kurve aufgrund der Definition der homogenen Koordinaten unverändert. Die Beschreibung rationaler Kurven durch ihre Kontrollpunkte allein ist daher unvollständig.

Eine vollständige geometrisch invariante Beschreibung rationaler Kurven lässt sich mit Hilfe der Farin[1]-Punkte geben.

[1] Gerald Farin ist Professor für Computergrafik an der Arizona State University. Die hier nach ihm benannten Punkte entwickelte er in den 1980-er Jahren.

Definition

Gegeben sei eine rationale Bézier-Kurve vom Grad g. Die Punkte mit den homogenen Koordinaten

$$\tilde{\mathbf{f}}_i = \tilde{\mathbf{b}}_i + \tilde{\mathbf{b}}_{i+1}, \qquad i = 0, \dots, g-1,$$

werden als **Farin-Punkte** bezeichnet.

Analog dazu lassen sich Farin-Punkte für andere Kurvendarstellungen wie etwa für die monomiale oder für die Lagrange-Darstellung definieren. Die Vollständigkeit der Kurvenbeschreibung mit Hilfe von Kontroll- und Farin-Punkten folgt aus der folgenden einfachen Aussage.

Lemma *Für das Teilverhältnis von Kontroll- und Farin-Punkten gilt*

$$\mathrm{TV}(\mathbf{b}_i, \mathbf{b}_{i+1}, \mathbf{f}_i) = \tilde{b}_{i+1,0} / \tilde{b}_{i,0}. \tag{4.6}$$

Dabei besitzen die Kontrollpunkte die homogenen Koordinaten $\tilde{\mathbf{b}}_i = (\tilde{b}_{i,0}, \dots, \tilde{b}_{i,d})^T$.

Beweis Siehe Aufgabe 1 zu Kap. 1. □

Aus den Kontroll- und Farin-Punkten lassen sich daher auch die homogenen Koordinaten – allerdings natürlich nur bis auf einen gemeinsamen Faktor – aller Kontrollpunkte ermitteln. Diese Eigenschaft gilt auch für den Fall, dass einer oder mehrere der Kontrollpunkte Fernpunkte sind. Nur falls benachbarte Kontrollpunkte linear abhängige Koordinatenvektoren besitzen (also entweder zusammenfallen oder mindestens einer davon gleich dem Nullvektor ist), ist die Ermittlung der homogenen Koordinaten nicht möglich.

Als Beispiel zeigt Abb. 4.2 die Darstellung eines Kreisbogens als rationale Bézier-Kurve vom Grad 2. Die zugrunde liegende Parametrisierung lautet

$$\tilde{\mathbf{p}}(t) = (1 + t^2, 1 - t^2, 2t)^T$$

und beschreibt für $t \in \mathbb{R}$ den gesamten Einheitskreis mit Ausnahme des „Südpols" $\tilde{\mathbf{s}} = (1, -1, 0)^T$. Mit Hilfe des Blossoms

$$\tilde{\mathbf{P}}(t_1, t_2) = (1 + t_1 t_2, 1 - t_1 t_2, t_1 + t_2)^T$$

lassen sich leicht die Bézier-Kontrollpunkte eines Kurvenstücks ermitteln. So erhält man etwa für den Viertelkreis mit dem Parameterbereich $t \in [0, 1]$ die Punkte

$$\tilde{\mathbf{b}}_0 = \tilde{\mathbf{P}}(0,0) = (1,1,0)^T, \quad \tilde{\mathbf{b}}_1 = \tilde{\mathbf{P}}(0,1) = (1,1,1)^T, \quad \tilde{\mathbf{b}}_2 = \tilde{\mathbf{P}}(1,1) = (2,0,2)^T$$

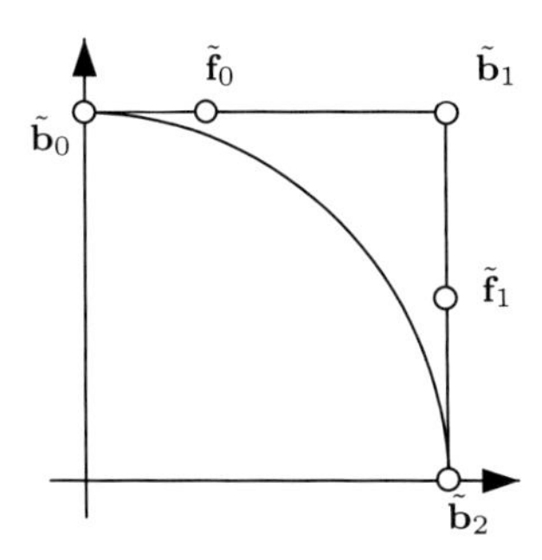

Abb. 4.2 Darstellung eines Kreisbogens als rationale Bézier-Kurve vom Grad 2

und daraus die Farin-Punkte

$$\tilde{\mathbf{f}}_0 = (2,2,1)^T, \quad \tilde{\mathbf{f}}_1 = (3,1,3)^T.$$

Punkte auf rationalen Bézier-Kurven lassen sich mit Hilfe des Algorithmus von de Casteljau berechnen, siehe Abschn. 3.3. Dazu wird dieser Algorithmus direkt auf die homogenen Koordinaten angewendet. Erst am Ende, etwa zur Visualisierung, ermittelt man die entsprechenden kartesischen Koordinaten.

Mit Hilfe der Farin-Punkte und des Doppelverhältnisses lässt sich eine zu (3.15) analoge geometrische Interpretation des Algorithmus von de Casteljau angeben. Dazu definieren wir für jeden Schritt des Algorithmus die Farin-Punkte

$$\tilde{\mathbf{f}}_i^{\ell-1} = \tilde{\mathbf{b}}_i^{\ell-1} + \tilde{\mathbf{b}}_{i+1}^{\ell-1}, \quad i = 0,\ldots,g-\ell;\ \ell = 1,\ldots,g.$$

Mit diesen Punkten gilt dann für den im entsprechenden Schritt des Algorithmus neu konstruierten Punkt die Beziehung

$$\mathrm{DV}(\tilde{\mathbf{b}}_i^{\ell-1}, \tilde{\mathbf{b}}_{i+1}^{\ell-1}, \tilde{\mathbf{b}}_i^{\ell}, \tilde{\mathbf{f}}_i^{\ell-1}) = \hat{\lambda}_\ell/\lambda_\ell.$$

Dieser Punkt kann also geometrisch dadurch ermittelt werden, dass er als vierter Punkt das entsprechende Doppelverhältnis realisiert.

Allerdings müssen jetzt bei der Iteration über ℓ in jedem Schritt auch noch die neuen Farin-Punkte $\tilde{\mathbf{f}}_i^\ell$ konstruiert werden. Für diese gilt folgende Aussage:

Lemma *Der Farin-Punkt $\tilde{\mathbf{f}}_i^\ell$ liegt sowohl auf der Verbindungsgeraden der Kontrollpunkte $\tilde{\mathbf{b}}_i^\ell$ und $\tilde{\mathbf{b}}_{i+1}^\ell$ als auch auf der Verbindungsgeraden der Farin-Punkte $\tilde{\mathbf{f}}_i^{\ell-1}$ und $\tilde{\mathbf{f}}_{i+1}^{\ell-1}$.*

Beweis Siehe Aufgabe 10 zu diesem Kapitel. □

Im Allgemeinen und für $t \neq \frac{1}{2}$ lassen sich somit die im ℓ-ten Schritt des Algorithmus von de Casteljau benötigten Farin-Punkte konstruktiv als Schnitt zweier Geraden ermitteln. Die Farin-Punkte für $t = \frac{1}{2}$ kann man durch einen Grenzübergang bestimmen.

Der folgende Satz fasst die Resultate zusammen.

Satz *Falls die homogenen Koordinatenvektoren* $\tilde{\mathbf{b}}_i$ *und* $\tilde{\mathbf{b}}_{i+1}$ *benachbarter Kontrollpunkte jeweils nicht linear abhängig sind* ($i = 0, \ldots, g-1$)*, so ist die Beschreibung einer rationalen Bézier-Kurve durch Kontrollpunkte und Farin-Punkte vollständig und invariant unter projektiven Abbildungen.*

Zum Beweis überzeugt man sich leicht davon, dass sich die Kurvenpunkte mit Hilfe des Algorithmus von de Casteljau und der beschriebenen geometrischen Konstruktionen, welche nur Doppelverhältnisse und Schnitte von Geraden verwenden und somit projektiv invariant sind, ermitteln lassen. Etwaige Schwierigkeiten mit kollinearen Punkten lassen sich dadurch vermeiden, dass man die Kontrollpunkte zunächst in einen Raum entsprechend hoher Dimension transformiert, indem man etwa dem i-ten Kontrollpunkt die $(g+j)$-te Koordinate δ_j^i zuordnet, wobei δ_j^i wiederum das Kronecker-Delta bezeichnet.

Neben der Darstellung (4.4) einer rationalen Kurve in homogenen Koordinaten werden häufig auch Darstellungen in kartesischen Koordinaten verwendet.

Lemma *Für die kartesischen Koordinaten der rationalen Kurve* (4.4) *gilt*

$$\mathbf{p}(t) = \sum_{i=0}^{g} \rho_i(t)\,\mathbf{c}_i = \sum_{i=0}^{g} \rho_i(t) \begin{pmatrix} \tilde{c}_{i,1}/\tilde{c}_{i,0} \\ \vdots \\ \tilde{c}_{i,g}/\tilde{c}_{i,0} \end{pmatrix} \tag{4.7}$$

mit den rationalen Basisfunktionen

$$\rho_i(t) = \frac{\tilde{c}_{i,0}\varphi_i(t)}{\sum_{j=0}^{g} \tilde{c}_{j,0}\varphi_j(t)}. \tag{4.8}$$

Der Beweis dieser Aussage erfolgt durch eine kurze Rechnung.

Die rationalen Basisfunktionen bilden stets eine Zerlegung der Eins. Verwendet man speziell die Bernstein-Polynome (vgl. (4.5)) und wählt man positive nullte Koordinaten, $c_{i,0} > 0$, so sind die rationalen Basis-Funktionen darüber hinaus im Parameterbereich nichtnegativ und die Kurve ist stets in der konvexen Hülle der Kontrollpunkte enthalten.

Die nullten Koordinaten der Kontrollpunkte werden in diesem Zusammenhang oft als *Gewichte* der Punkte bezeichnet. Die Vergrößerung eines Gewichtes eines Kontrollpunktes einer rationalen Bézier-Kurve bewirkt, dass die Kurve zum entsprechenden Kontrollpunkt hingezogen wird. Allerdings ist nur das Verhältnis der Gewichte entscheidend, da eine gleichzeitige Vergrößerung aller Gewichte (durch Multiplikation mit einem gemeinsamen Faktor) die Kurve unverändert lässt. Dies drückt sich auch darin aus, dass die Farin-Punkte die Kanten des Kontrollpolygons jeweils im Verhältnis der Gewichte teilen und daher bei einer gleichzeitigen Vergrößerung aller Gewichte unverändert bleiben (vgl. (4.6)).

4.3 Quadriken: Kegelschnitte und Flächen zweiter Ordnung

Quadriken (Kegelschnitte bzw. Flächen zweiter Ordnung) gehören mit zu den technisch wichtigsten Kurven und Flächen. Speziell werden die sog. „natürlichen" Quadriken (Kugeln, Kreiszylinder und Kreiskegel) in vielen Anwendungen eingesetzt.

Definition

Gegeben sei eine reelle symmetrische $(d+1) \times (d+1)$ Matrix $Q = (q_{i,j})_{i,j=0,\ldots,d}$, bei der nicht alle Elemente den Wert Null besitzen. Die Menge derjenigen Punkte, deren homogene Koordinaten der Gleichung

$$\tilde{\mathbf{p}}^T Q \, \tilde{\mathbf{p}} = 0 \tag{4.9}$$

genügen, wird als **Quadrik** bezeichnet. Für $d = 2$ und $d = 3$ bezeichnet man diese Quadriken speziell als Kegelschnitte bzw. als Flächen zweiter Ordnung.

Die Symmetrie der Matrix kann vorausgesetzt werden, da im Falle einer nicht symmetrischen Matrix Q_0 die symmetrische Matrix $Q_0 + Q_0^T$ dieselbe Quadrik definieren würde. Ferner liegt die Matrix Q nur bis auf einen gemeinsamen Faktor ihrer Elemente fest.

Aus der Definition (4.9) erhält man die Gleichung

$$f(p_1, \ldots, p_d) = q_{0,0} + \sum_{i=1}^{d} 2q_{i,0}p_i + \sum_{i=1}^{d}\sum_{j=1}^{d} q_{i,j}p_ip_j = 0$$

für die kartesischen Koordinaten $\mathbf{p} = (p_1, \ldots, p_d)^T$ der Punkte einer Quadrik. Daraus erhält man durch Differentiation den Normalenvektor

$$\vec{\mathbf{n}}_{\mathbf{p}} = \begin{pmatrix} \left(\frac{\partial f}{\partial p_1}\right)(p_1, \ldots, p_d) \\ \vdots \\ \left(\frac{\partial f}{\partial p_d}\right)(p_1, \ldots, p_d) \end{pmatrix} = \begin{pmatrix} q_{1,0} + \sum_{i=1}^{d} q_{1,i}p_i \\ \vdots \\ q_{d,0} + \sum_{i=1}^{d} q_{d,i}p_i \end{pmatrix}$$

der Tangentialhyperebene (für $d = 2$: der Tangente, für $d = 3$: der Tangentialebene) in einem Punkt $\mathbf{p}$ der Quadrik. Mit Hilfe dieses Normalenvektors ermitteln wir die Gleichung der Tangentialebene

$$0 = (\mathbf{x} - \mathbf{p})^T \vec{\mathbf{n}}_{\mathbf{p}} = q_{00} + \sum_{i=1}^{d} q_{0,i}p_i + \sum_{i=1}^{d} x_i\Big(q_{i,0} + \sum_{j=1}^{d} q_{i,j}p_j\Big).$$

Führt man nun wiederum homogene Koordinaten ein – sowohl für den Punkt $\mathbf{p}$ der Quadrik als auch für den Punkt $\mathbf{x}$ in der Tangentialhyperebene in diesem Punkt – so erhält man das folgende Resultat:

Satz *Für jeden Punkt $\tilde{\mathbf{p}}$ einer Quadrik ist*

$$(\tilde{\mathbf{p}}^T Q)\tilde{\mathbf{x}} = 0$$

die Gleichung der Tangentialhyperebene in diesem Punkt, falls dort eine solche Ebene existiert. Diese Hyperebene besitzt den homogenen Koordinatenvektor $\tilde{\mathbf{T}}_{\mathbf{p}} = \tilde{\mathbf{p}}^T Q$.

Diese Beobachtung motiviert die folgende

Definition

Die Abbildung

$$\sigma : \tilde{\mathbf{p}} \mapsto (Q\tilde{\mathbf{p}})^T,$$

die jedem Punkt $\tilde{\mathbf{p}}$ eine Hyperebene $\sigma(\tilde{\mathbf{p}})$ zuordnet, wird als **Polarität** an der Quadrik (4.9) bezeichnet. Die Bildhyperebene eines Punktes heißt auch dessen **Polare**. Falls ein Punkt in seiner Polare enthalten ist, so ist er **selbstpolar**. Die Quadrik besteht folglich aus der Menge der selbstpolaren Punkte der durch die Matrix Q definierten Polarität.

Die Polarität an einer Quadrik ist eventuell nicht für alle Punkte dieser Quadrik definiert. Für diejenigen Punkte, deren homogene Koordinaten im Kern der Matrix Q enthalten sind, kann keine Tangentialebene und damit auch keine Polare definiert werden. Bei einem derartigen Punkt handelt es sich beispielsweise um die Spitze einer Kegelfläche.

Im Falle einer regulären Matrix Q ist die Abbildung jedoch für alle Punkte definiert. Darüber hinaus lässt sich dann auch eine entsprechende Abbildung für Hyperebenen definieren, bei der die Inzidenz zwischen Punkten und Hyperebenen erhalten bleibt. Diese Abbildung lautet

$$\sigma : \tilde{\mathbf{H}} \mapsto (\tilde{\mathbf{H}}Q^{-1})^T,$$

und das Bild einer Hyperebene wird als dessen *Pol* bezeichnet. Man überzeugt sich leicht davon, dass die Polarität an einer regulären Quadrik eine involutorische Abbildung ist, d. h., es gilt $\sigma = \sigma^{-1}$.

Die Polarität an einer Ellipse ist in Abb. 4.3 dargestellt. Die Polare eines Punktes der Ellipse ist jeweils die entsprechende Tangente. Damit ist die Polare des Schnittpunktes zweier Tangenten der Ellipse gerade die Verbindungsgerade der entsprechenden Berührpunkte. Des Weiteren gilt, dass sich die Polaren $\tilde{\mathbf{P}}$, $\tilde{\mathbf{Q}}$, $\tilde{\mathbf{R}}$ dreier kollinearer Punkte $\tilde{\mathbf{p}}$, $\tilde{\mathbf{q}}$, $\tilde{\mathbf{r}}$ im Pol $\tilde{\mathbf{t}}$ ihrer Trägergeraden $\tilde{\mathbf{T}}$ schneiden.

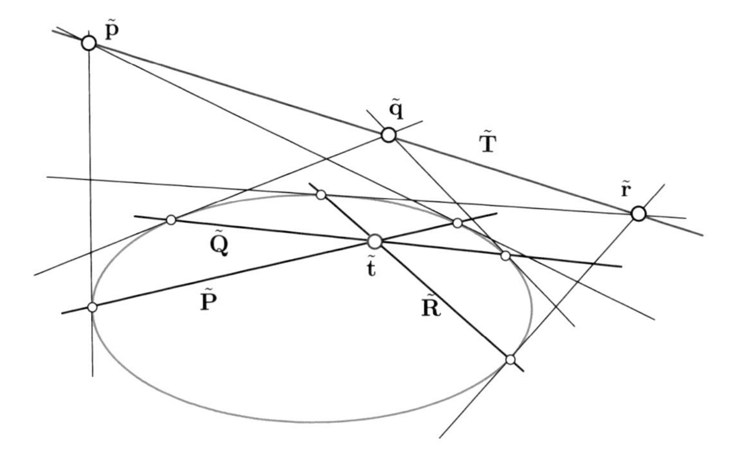

Abb. 4.3 Polarität an einer Ellipse. Die mit denselben Buchstaben bezeichneten Punkte und Geraden gehen bei Anwendung der Polarität ineinander über, also $\tilde{\mathbf{P}} = \sigma(\tilde{\mathbf{p}})$, $\tilde{\mathbf{p}} = \sigma(\tilde{\mathbf{P}})$, $\tilde{\mathbf{Q}} = \sigma(\tilde{\mathbf{q}})$ usw.

Die Polarität an einer Quadrik ist auch dann definiert, wenn die Quadrik keine reellen Punkte besitzt. Beispielsweise beschreibt die Matrix $Q = \text{diag}(1, 1, 1)$ den „imaginären Einheitskreis", dessen Punkte der Gleichung

$$\tilde{p}_0^2 + \tilde{p}_1^2 + \tilde{p}_2^2 = 0$$

genügen. Die zugehörige Polarität ordnet jedem Punkt $\tilde{\mathbf{p}}$ diejenige Gerade zu, die $\tilde{\mathbf{p}}$ als Normalenvektor besitzt und deren Abstand vom Koordinatenursprung $-1/\|\tilde{\mathbf{p}}\|$ beträgt. Offensichtlich gibt es keine selbstpolaren Punkte, da keine dieser Geraden mit ihrem Pol inzidiert. Die Betrachtung der Polarität erlaubt es, auch denjenigen Quadriken eine Bedeutung zuzuweisen, die keine reellen Punkte besitzen. Insbesondere handelt es sich bei der im Abschn. 1.3 eingeführten Dualität um eine derartige Polarität. Die entsprechende Quadrik wird durch die Einheitsmatrix beschrieben und besitzt keine reellen Punkte.

Das folgende Lemma erlaubt es, eine Normalform für Quadriken herzuleiten und somit eine Klassifizierung unter projektiven Abbildungen zu gewinnen.

Lemma *Zu jeder symmetrischen $n \times n$ Matrix Q gibt es eine reguläre Matrix P, sodass*

$$P^T Q P = \text{diag}(\{1\}^p, \{-1\}^n, \{0\}^k) \tag{4.10}$$

gilt. Dabei gilt $p + n + k = d + 1$, wobei die Vielfachheiten p, n bzw. k der Einträge 1, -1 *bzw.* 0 *in der Diagonalmatrix gleich der Zahl derjenigen Eigenwerte der Matrix Q sind, die das Vorzeichen* +1, -1 *bzw.* 0 *besitzen.*

Beweis Da Q eine symmetrische Matrix ist, sind die Eigenwerte alle reell, die Dimension der Eigenräume stimmt mit der Vielfachheit der Eigenwerte überein, und Eigenvektoren zu verschiedenen Eigenwerten sind zueinander orthogonal. Damit gibt es eine orthogonale Matrix P', sodass

$$P'^T QP' = \operatorname{diag}(\lambda_1, \ldots, \lambda_p, \mu_1, \ldots, \mu_n, \{0\}^k)$$

gilt. Dabei sind die $\lambda_1, \ldots, \lambda_p$ und $\mu_1, \ldots, \mu_n$ die positiven und die negativen Eigenwerte der Matrix Q sowie $k = d + 1 - p - n$ die Dimension des Kerns. Mit

$$P = P' \operatorname{diag}\left(\sqrt{\frac{1}{\lambda_1}}, \ldots, \sqrt{\frac{1}{\lambda_p}}, \sqrt{\frac{-1}{\mu_1}}, \ldots, \sqrt{\frac{-1}{\mu_n}}, \{1\}^k\right)$$

folgt dann (4.10). □

Durch eine reguläre projektive Abbildung wird jedem Punkt $\tilde{\mathbf{p}}$ der Bildpunkt $\pi(\tilde{\mathbf{p}}) = A\tilde{\mathbf{p}}$ zugewiesen. Die Gleichung einer Quadrik (4.9) transformiert sich dabei zu

$$\tilde{\mathbf{q}}^T A^{-T} Q A^{-1} \tilde{\mathbf{q}} = 0. \tag{4.11}$$

Diese Transformationen wurden in dem vorigen Lemma behandelt (mit $P = A^{-1}$), und es ergibt sich das folgende Resultat.

Satz *Jede Quadrik (4.9) lässt sich durch eine reguläre projektive Abbildung in eine Normalform* $\tilde{\mathbf{x}}^T Q' \tilde{\mathbf{x}} = 0$ *mit der Diagonalmatrix*

$$Q' = \operatorname{diag}(\{1\}^p, \{-1\}^n, \{0\}^k)$$

überführen, wobei die Vielfachheiten p, n und k gleich der Anzahl der positiven und negativen Eigenwerte sowie der Dimension des Kerns von Q sind. Darüber hinaus kann $p \geq n$ vorausgesetzt werden, da die Matrizen Q und $-Q$ dieselbe Quadrik beschreiben. Wir bezeichnen das Tripel (p, n, k) als den ***projektiven Typ*** *der Quadrik.*

Tabelle 4.1 gibt die Normalformen für $d \leq 3$ an. Die üblichen Kegelschnitte (Ellipsen, Parabeln und Hyperbeln) gehören stets zum Typ $(2, 1, 0)$. Dagegen gehören die gebräuchlichen regulären Quadriken zu den zwei möglichen Typen $(3, 1, 0)$ (ovale Quadriken) und $(2, 2, 0)$ (Ringquadriken), je nachdem, ob es auf ihnen Geraden gibt oder nicht.

Der Schnitt einer Fläche zweiter Ordnung mit einer Tangentialebene in einem beliebigen Punkt ist stets ein Kegelschnitt, der den betrachteten Punkt als Doppelpunkt besitzt. Bei ovalen Quadriken erhält man ein konjugiert-komplexes Geradenpaar, während bei Ringquadriken ein reelles Geradenpaar entsteht, siehe Aufgabe 12 in diesem Kapitel.

Tab. 4.1 Normalformen und Bezeichnungen der Quadriken für $d \leq 3$

d	Typ (p, n, k)	Bezeichnung
Quadriken für $d = 1$		
1	$(2, 0, 0)$	Nullteilig und regulär: Konjugiert-komplexes Punktepaar. Die Quadrik besteht aus den beiden Punkten $(1, \pm i)^T$.
1	$(1, 1, 0)$	Reell und regulär: Reelles Punktepaar. Die Quadrik besteht aus den beiden Punkten $(1, \pm 1)^T$ usw.
1	$(1, 0, 1)$	Doppelpunkt. Die Quadrik besteht aus dem Punkt $(0, 1)^T$ mit Vielfachheit 2.
Kegelschnitte		
2	$(3, 0, 0)$	Nullteilig und regulär. Der Kegelschnitt besitzt nur konjugiert-komplexe Punkte.
2	$(2, 1, 0)$	Reell und regulär. Der Kegelschnitt besitzt reelle Punkte.
2	$(2, 0, 1)$	Konjugiert-komplexes Geradenpaar. Die Quadrik besteht aus den beiden Geraden $0 = \tilde{x}_0 \pm i\tilde{x}_1$ mit dem reellen Schnittpunkt $(0, 0, 1)^T$.
2	$(1, 1, 1)$	Reelles Geradenpaar. Die Quadrik besteht aus den beiden Geraden $0 = \tilde{x}_0 \pm \tilde{x}_1$ mit dem reellen Schnittpunkt $(0, 0, 1)^T$.
2	$(1, 0, 2)$	Doppelgerade. Der Kegelschnitt besteht aus der Geraden $\tilde{x}_0 = 0$ mit Vielfachheit 2.
Flächen zweiter Ordnung		
3	$(4, 0, 0)$	Nullteilig und regulär. Die Fläche besitzt nur konjugiert-komplexe Punkte.
3	$(3, 1, 0)$	Ovale Quadrik (regulär). Die Fläche besitzt reelle Punkte, aber auf der Fläche liegen keine Geraden.
3	$(2, 2, 0)$	Ringquadrik (regulär). Die Fläche besitzt reelle Punkte und trägt darüber hinaus zwei Scharen von Geraden.
3	$(3, 0, 1)$	Nullteilige kegelige Quadrik mit der reellen Spitze $(0, 0, 0, 1)^T$.
3	$(2, 1, 1)$	Reelle kegelige Quadrik mit der Spitze $(0, 0, 0, 1)^T$.
3	$(2, 0, 2)$	Konjugiert-komplexes Ebenenpaar. Die Fläche besteht aus den beiden Ebenen $0 = \tilde{x}_0 \pm i\tilde{x}_1$ mit der reellen Schnittgeraden $\tilde{x}_0 = \tilde{x}_1 = 0$.
3	$(1, 1, 2)$	Reelles Ebenenpaar. Die Fläche besteht aus den beiden Ebenen $0 = \tilde{x}_0 \pm \tilde{x}_1$ mit der Schnittgeraden $\tilde{x}_0 = \tilde{x}_1 = 0$.
3	$(1, 0, 3)$	Doppelebene. Die Fläche besteht aus der Ebene $0 = \tilde{x}_0$ mit der Vielfachheit 2.

Diese beiden Geraden im Falle einer Ringquadrik gehören zu jeweils einer der beiden Geradenscharen auf der Fläche. Im Falle einer reellen Kegelfläche liefert der Schnitt mit Tangentialebenen jeweils eine Doppelgerade.

Die Bezeichnung „Ringquadrik“ beruht darauf, dass dieser Flächentyp topologisch äquivalent zu einer Ringfläche (Torus) ist, wenn man die Geraden als geschlossene Kurven betrachtet. Der Torus selbst ist natürlich keine Quadrik.

Mit Hilfe der Normalformen lassen sich zahlreiche Sätze über Kegelschnitte beweisen. Beispielsweise genügt es, Aussagen der projektiven Geometrie über reguläre Kegelschnitte für den Fall eines Kreises zu beweisen, da sich jeder Kegelschnitt durch eine projektive Abbildung in einen Kreis transformieren lässt. Wir betrachten zum Abschluss dieses Abschnittes einige Beispiele:

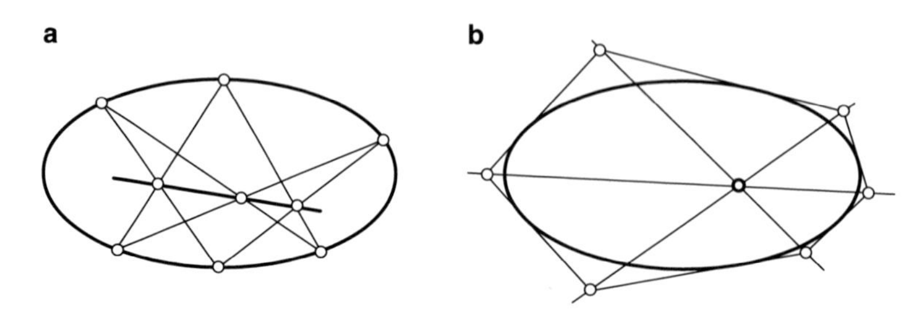

Abb. 4.4 Die Sätze von Pascal (**a**) und Brianchon (**b**)

Für Kegelschnitte gelten die zueinander dualen Sätze von Pascal[2] und Brianchon[3], siehe Abb. 4.4:

Satz (Pascal) *Sind* $\tilde{\mathbf{p}}_1, \tilde{\mathbf{p}}_2, \tilde{\mathbf{p}}_3, \tilde{\mathbf{q}}_1, \tilde{\mathbf{q}}_2, \tilde{\mathbf{q}}_3$ *sechs paarweise verschiedene Punkte eines regulären Kegelschnittes, dann sind die drei Schnittpunkte* $(\tilde{\mathbf{p}}_i \vee \tilde{\mathbf{q}}_j) \wedge (\tilde{\mathbf{p}}_j \vee \tilde{\mathbf{q}}_i)$ $(i, j = 1, 2, 3;$ $i \neq j)$ *kollinear.*

Dieser Satz lässt sich beispielsweise durch Einführung eines geeigneten projektiven Koordinatensystems beweisen. Wendet man auf die Konfiguration dieses Satzes die Dualität δ (siehe Abschn. 1.3) an, so erhält man folgenden

Satz (Brianchon) *Sind* $\tilde{\mathbf{P}}_1, \tilde{\mathbf{P}}_2, \tilde{\mathbf{P}}_3, \tilde{\mathbf{Q}}_1, \tilde{\mathbf{Q}}_2, \tilde{\mathbf{Q}}_3$ *sechs Tangenten eines regulären Kegelschnittes, dann schneiden sich die drei Verbindungsgeraden* $(\tilde{\mathbf{P}}_i \wedge \tilde{\mathbf{Q}}_j) \vee (\tilde{\mathbf{P}}_j \wedge \tilde{\mathbf{Q}}_i)$ $(i, j = 1, 2, 3; i \neq j)$ *in einem Punkt.*

In der Tat genügen die homogenen Koordinatenvektoren der Tangenten $\tilde{\mathbf{T}}$ eines Kegelschnittes der Gleichung

$$\tilde{\mathbf{T}} Q^{-1} \tilde{\mathbf{T}}^T = 0,$$

da die Punkte die Gleichung (4.9) erfüllen und die Tangenten durch Anwenden der Polarität σ entstehen. Die Dualität transformiert folglich die Tangenten eines regulären Kegelschnittes in die Punkte eines anderen Kegelschnittes. Darüber hinaus werden die Punkte des ersten Kegelschnittes in die Tangenten des Bildkegelschnittes überführt.

[2] Blaise Pascal (1623–1662) war ein französischer Mathematiker, Physiker und christlicher Philosoph.

[3] Der französische Mathematiker Charles Julien Brianchon (1783–1864) veröffentlichte 1806 den nach ihm benannten Satz.

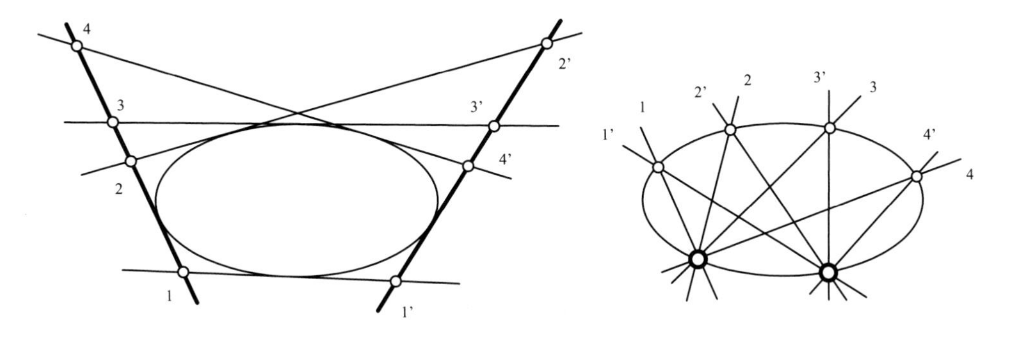

DV(1,2,3,4) = DV(1',2',3',4')

Abb. 4.5 Der Satz von Steiner

Mit Hilfe dieser beiden Aussagen lassen sich aus fünf Punkten (bzw. aus fünf Tangenten) eines Kegelschnittes sämtliche Punkte (bzw. Tangenten) konstruieren. *Ein Kegelschnitt ist damit durch fünf Punkte bzw. durch fünf Tangenten festgelegt.*

Der Satz von Pappus ist ein Grenzfall des Satzes von Pascal.

Ferner genügen die Punkte und Tangenten eines Kegelschnittes dem Satz von Steiner[4], siehe Abb. 4.5.

Satz (Steiner) *Das Doppelverhältnis der Schnittpunkte von vier festen Tangenten eines Kegelschnittes mit einer beliebigen weiteren Tangente* $\tilde{\mathbf{T}}$ *besitzt für alle Tangenten* $\tilde{\mathbf{T}}$ *denselben Wert.*

Eine entsprechende Aussage gilt auch für die Punkte eines Kegelschnittes:

Satz (Steiner, duale Fassung) *Das Doppelverhältnis der Verbindungsgeraden von vier festen Punkten eines Kegelschnittes mit einem beliebigen weiteren Punkt* $\tilde{\mathbf{p}}$ *des Kegelschnittes besitzt für alle Punkte* $\tilde{\mathbf{p}}$ *denselben Wert.*

Dabei ist das Doppelverhältnis von vier Geraden analog zu dem von vier Punkten definiert und kann durch die Dualität hergeleitet werden.

Lässt man in der primalen Formulierung (linkes Bild in Abb. 4.5) die beiden Trägergeraden mit zwei der anderen Kegelschnitt–Tangenten zusammenfallen, so erhält man die Konfiguration, die auch der Konstruktion einer rationalen Bézier-Kurve zweiten Grades nach de Casteljau und Farin zugrunde liegt.

[4] Der Schweizer Mathematiker Jakob Steiner (1796–1863) leistete wichtige Beiträge auf dem Gebiet der Geometrie.

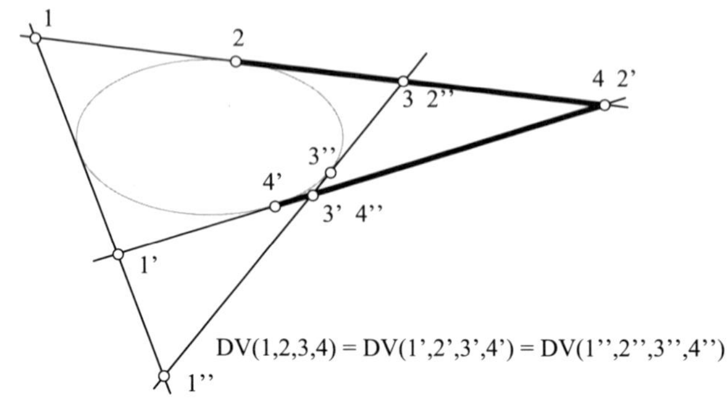

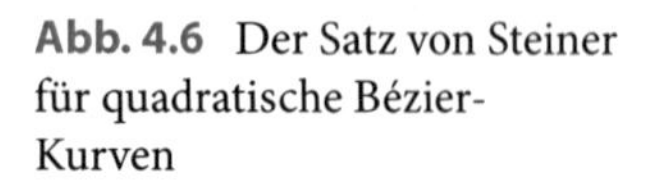
Abb. 4.6 Der Satz von Steiner für quadratische Bézier-Kurven

Satz *Eine quadratische rationale Bézier-Kurve mit nicht-kollinearen Kontrollpunkten ist stets ein Kegelschnitt. Dieser Kegelschnitt besitzt die Tangente* $\tilde{\mathbf{b}}_0 \vee \tilde{\mathbf{b}}_1$ *mit dem Berührpunkt* $\tilde{\mathbf{b}}_0$*, die Tangente* $\tilde{\mathbf{b}}_1 \vee \tilde{\mathbf{b}}_2$ *mit dem Berührpunkt* $\tilde{\mathbf{b}}_2$ *sowie die Tangente* $\tilde{\mathbf{f}}_0 \vee \tilde{\mathbf{f}}_1$.

In der dargestellten Konfiguration (siehe Abb. 4.6) sind die mit „1“ markierten Punkte jeweils die Farin-Punkte, die mit „2“ und „4“ markierten Punkte jeweils die bereits ermittelten Kontrollpunkte und der mit „3“ markierte Punkt der im jeweiligen Schritt neu ermittelte Kontrollpunkt. Die Gleichheit der Doppelverhältnisse bleibt bei einer Permutation der Argumente natürlich unverändert. Des Weiteren liegen die Farin-Punkte hier jeweils außerhalb der Geradensegmente zwischen den Kontrollpunkten. Dieser Fall liegt dann vor, wenn (wie im dargestellten Beispiel) die beiden Kontrollpunkte Gewichte mit verschiedenen Vorzeichen besitzen.

4.4 Absolutfiguren und Invarianten der affinen Geometrie

Durch Auszeichnung von *Absolutfiguren* lassen sich aus der projektiven Geometrie die bereits bekannten affinen und euklidischen Geometrien, aber auch weitere, die sog. nichteuklidischen Geometrien gewinnen. Dazu geht man wie folgt vor:

Im projektiven Raum wird eine Teilmenge, die sog. *Absolutfigur*, ausgezeichnet. Man betrachtet alle diejenigen projektiven Abbildungen, die diese Teilmenge auf sich abbilden. Die regulären Abbildungen, die dies leisten, bilden eine Gruppe, die als Abbildungsgruppe der entsprechenden Geometrie dient. Sämtliche Invarianten der Geometrie lassen sich mit Hilfe von Schnitten und Doppelverhältnissen aus der Absolutfigur ablesen. Die so erzeugten Geometrien werden als Cayley-Klein-Geometrien[5] bezeichnet.

In diesem Abschnitt stellen wir dieses Vorgehen am Beispiel der affinen Geometrie vor.

[5] Der englische Mathematiker Arthur Cayley (1821–1895) leistete auf vielen Gebieten der Mathematik wesentliche Beiträge.

Definition

Die Absolutfigur der affinen Geometrie ist die **Fernhyperebene**, insbesondere für $d = 2$ die Ferngerade und für $d = 3$ die Fernebene. Das projektive Koordinatensystem wird im Weiteren stets so gewählt, dass die Fernhyperebene die Gleichung $\tilde{x}_0 = 0$ besitzt.

Aus dieser Definition erhält man unmittelbar eine Kennzeichnung der affinen Abbildungen.

Satz *Die regulären projektiven Abbildungen, die die Fernhyperebene auf sich abbilden, sind gerade reguläre affine Abbildungen. Sie bilden eine Untergruppe der Gruppe der projektiven Abbildungen.*

Beweis Wir betrachten eine projektive Abbildung $\tilde{\pi}$, vgl. (4.1), die durch eine Matrix A beschrieben wird. Das Bild jedes Fernpunktes $(0, \tilde{f}_1, \dots, \tilde{f}_d)^T$ ist genau dann wieder ein Fernpunkt, wenn die Elemente der ersten Zeile der Matrix der Gleichung

$$a_{0,1} = \dots = a_{0,d} = 0 \tag{4.12}$$

genügen. Darüber hinaus ist die Matrix dann nur für $a_{0,0} \neq 0$ regulär. Beide Bedingungen sind kennzeichnend für affine Abbildungen. □

Die Invarianten der affinen Geometrie lassen sich durch Doppelverhältnisse und Schnitte mit der Fernhyperebene ausdrücken. Insbesondere sind zwei Geraden genau dann *parallel*, wenn sie einen gemeinsamen Punkt auf der Fernhyperebene besitzen. Diese Eigenschaft bleibt bei affinen Abbildungen erhalten, da das Bild eines Fernpunktes wieder ein Fernpunkt ist.

Satz *Für das Teilverhältnis von drei kollinearen Punkten gilt*

$$\mathrm{TV}(\mathbf{p}, \mathbf{q}, \mathbf{r}) = -\mathrm{DV}(\tilde{\mathbf{p}}, \tilde{\mathbf{q}}, \tilde{\mathbf{r}}, \tilde{\mathbf{f}}),$$

wobei der vierte Punkt gerade der Fernpunkt der Geraden durch $\mathbf{p}, \mathbf{q}$ *und* $\mathbf{r}$ *ist.*

Auch das Teilverhältnis ist damit affin invariant, da eine affine Abbildung den Fernpunkt der Geraden durch $\mathbf{p}, \mathbf{q}$ und $\mathbf{r}$ wieder in den Fernpunkt der Bildgeraden überführt und das Doppelverhältnis darüber hinaus auch invariant unter affinen Abbildungen ist.

Mit Hilfe der Absolutfigur lässt sich eine genauere Klassifizierung der Kegelschnitte und Flächen zweiter Ordnung gewinnen. Dazu betrachtet man den Schnitt der Quadrik mit der Ferngerade und führt eine projektive Klassifizierung der sich ergebenden Quadrik der

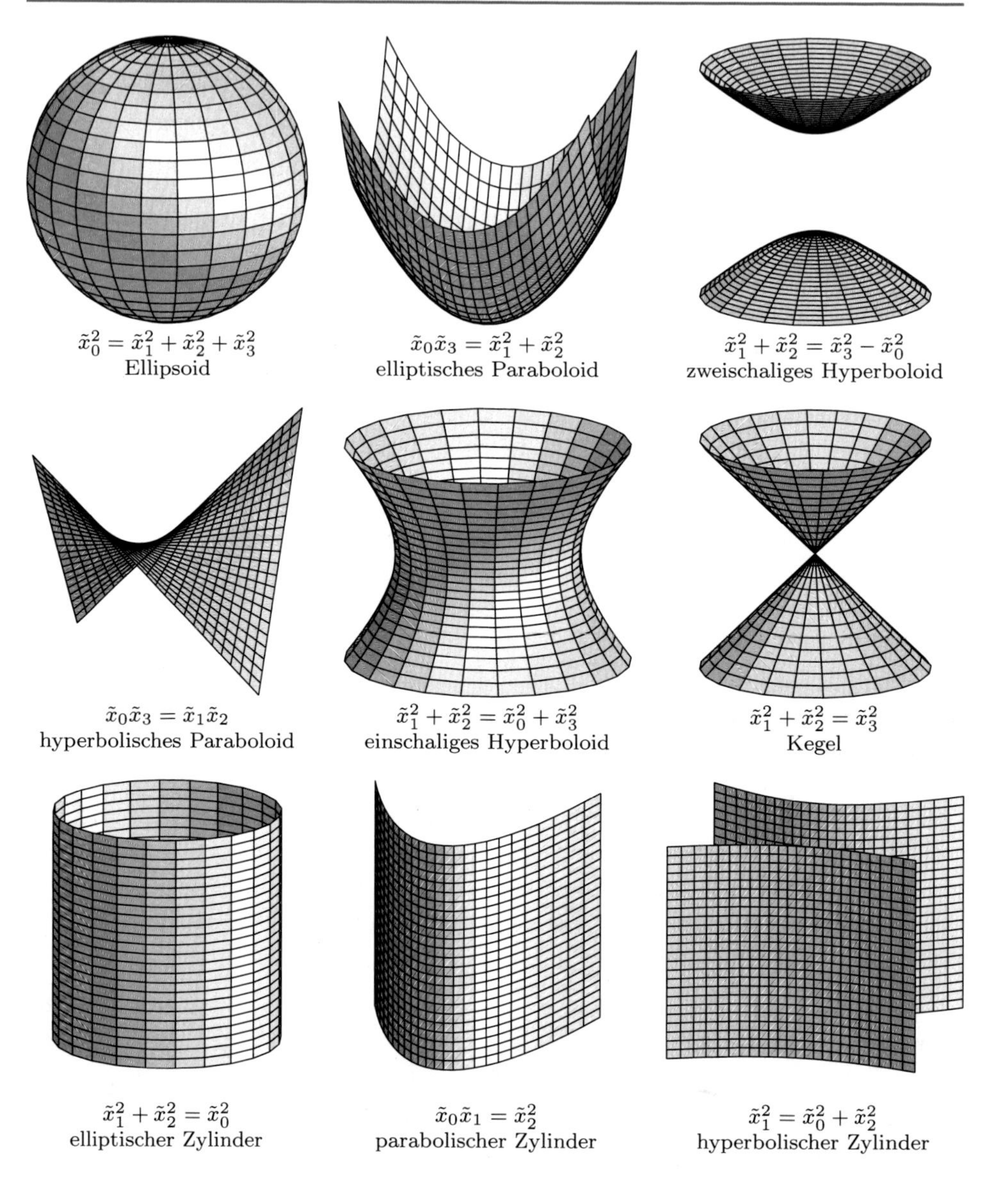

Abb. 4.7 Beispiele für die affine Klassifikation der Flächen zweiter Ordnung

Dimension $d-1$ durch. Tabelle 4.2 fasst die Ergebnisse zusammen. Einige Beispiele werden in Abb. 4.7 angegeben.

Die Begriffe Parabel, parabolisch und Paraboloid deuten stets darauf hin, dass die Fernhyperebene von der entsprechenden Quadrik berührt wird. So berühren Parabeln und Paraboloide die Ferngerade bzw. -ebene in einem Punkt, während der parabolische Zylinder die Fernebene entlang einer Geraden berührt.

Tab. 4.2 Affine Klassifikation der Kegelschnitte und Flächen zweiter Ordnung

Typ	Typ des Schnittes mit der Ferngeraden/Fernebene	Affine Klassifikation (Bezeichnung)
Reeller Kegelschnitt		
$(2,1,0)$	$(2,0,0)$	Ellipse
$(2,1,0)$	$(1,1,0)$	Hyperbel
$(2,1,0)$	$(1,0,1)$	Parabel
Ovale Quadrik		
$(3,1,0)$	$(3,0,0)$	Ellipsoid
$(3,1,0)$	$(2,1,0)$	zweischaliges Hyperboloid
$(3,1,0)$	$(2,0,1)$	elliptisches Paraboloid
Ringquadrik		
$(2,2,0)$	$(2,1,0)$	einschaliges Hyperboloid
$(2,2,0)$	$(1,1,1)$	hyperbolisches Paraboloid
Reelle kegelige Quadrik		
$(2,1,1)$	$(2,1,0)$	Kegel
$(2,1,1)$	$(2,0,1)$	elliptischer Zylinder
$(2,1,1)$	$(1,1,1)$	hyperbolischer Zylinder
$(2,1,1)$	$(1,0,2)$	parabolischer Zylinder

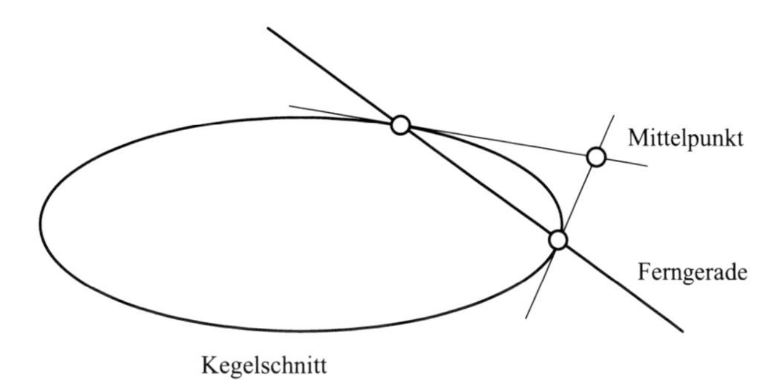

Abb. 4.8 Mittelpunkt eines Kegelschnittes (schematisch)

Quadratische polynomiale Bézier-Kurven mit nicht-kollinearen Kontrollpunkten sind stets Parabeln.

Ein weiteres Beispiel für eine affin invariante Eigenschaft ist der Begriff des Mittelpunkts einer Quadrik, siehe Abb. 4.8.

Definition

Bei regulären Quadriken, die die Ferngerade bzw. -ebene nicht berühren (also keine Parabeln oder Paraboloide sind), wird der Pol der Ferngerade als **Mittelpunkt** der Quadrik bezeichnet.

Der Mittelpunkt einer Quadrik gehört damit zur affinen Geometrie. Für Parabeln und Paraboloide lässt sich kein Mittelpunkt definieren, da die Ferngerade eine Tangente des

Kegelschnittes ist. Parabeln und Paraboloide besitzen stattdessen eine ausgezeichnete Achsenrichtung, die durch denjenigen Fernpunkt festgelegt ist, in dem die Ferngerade den Kegelschnitt berührt.

4.5 Absolutfiguren und Invarianten der euklidischen Geometrie

Euklidische Ähnlichkeitstransformationen bilden eine Kugel wieder auf eine Kugel ab. Eine Quadrik $\tilde{\mathbf{x}}^T A \tilde{\mathbf{x}} = 0$ mit der Koeffizientenmatrix $A = (a_{i,j})_{i,j=0,\ldots,d}$ ist genau dann eine Kugel, wenn $a_{i,j} = 0$ für $i, j > 0$, $i \neq j$, und $a_{1,1} = \ldots = a_{d,d}$ sowie $a_{0,0} \neq 0$ gelten.

Schneidet man eine solche Quadrik mit der Fernhyperebene $\tilde{x}_0 = 0$, so entsteht die Gleichung

$$0 = \tilde{x}_1^2 + \ldots + \tilde{x}_d^2 \tag{4.13}$$

einer nullteiligen regulären Quadrik der Dimension $d - 1$.

Für den Fall der Dimension $d = 2$ erhalten wir, dass sämtliche Kreise der euklidischen Ebene die Ferngerade in den beiden *absoluten Kreispunkten* $\tilde{\xi} = (0, 1, i)$ und $\tilde{\eta} = (0, 1, -i)$ schneiden (vgl. Tab. 4.1, Typ $(2, 0, 0)$). Je zwei Kreise haben diese beiden Punkte gemeinsam. Dies spiegelt sich u. a. in den folgenden beiden Beobachtungen wider:

- Während ein Kegelschnitt durch fünf Punkte festgelegt ist, genügen bereits drei Punkte zur Bestimmung eines Kreises. Zusammen mit den absoluten Kreispunkten sind dies ebenfalls fünf Punkte.
- Zwei Kegelschnitte in der Ebene können bis zu vier reelle Schnittpunkte besitzen, während sich zwei Kreise in höchstens zwei Punkten schneiden können. Zusammen mit den beiden absoluten Kreispunkten, die die Kreise ohnehin gemeinsam haben, schneiden sich zwei Kreise ebenfalls in vier Punkten.

Sämtliche Kugeln des euklidischen Raumes ($d = 3$) schneiden die Fernebene im sog. *absoluten Kugelkreis* $\tilde{x}_1^2 + \tilde{x}_2^2 + \tilde{x}_3^2 = 0$. Für Kugeln lassen sich ähnliche Beobachtungen wie für Kreise formulieren. Beispielsweise ist eine Kugel durch vier Punkte bestimmt, während eine Quadrik erst durch neun Punkte festgelegt ist.

Definition

Die Absolutfigur der euklidischen Geometrie ist die **Fernhyperebene** und in dieser Hyperebene eine **nullteilige reguläre Quadrik** der Dimension $d - 1$. Für den ebenen Fall ($d = 2$) erhalten wir die Ferngerade mit den beiden absoluten Kreispunkten, im dreidimensionalen Fall die Fernebene mit dem absoluten Kugelkreis. Das projektive Koordinatensystem wird im Weiteren stets so gewählt, dass die Fernhyperebene die Gleichung $\tilde{x}_0 = 0$ und die nullteilige Quadrik die Gleichung (4.13) besitzt.

Mit Hilfe der Absolutfigur lassen sich die euklidischen Ähnlichkeiten als spezielle projektive Abbildungen kennzeichnen. Dazu betrachten wir projektive Abbildungen, die Fernpunkte wieder in Fernpunkte transformieren und die darüber hinaus die ausgezeichnete nullteilige Quadrik erhalten. Da letztere keine reellen Punkte besitzt, definiert man diese Eigenschaft dadurch, dass die Polarität an dieser Quadrik mit der projektiven Abbildung der Fernhyperebene auf sich vertauschbar ist.

Satz *Die regulären projektiven Abbildungen, die die Absolutfigur der euklidischen Geometrie auf sich abbilden, sind Ähnlichkeitstransformationen. Sie bilden eine Untergruppe der Gruppe der affinen Abbildungen.*

Beweis Eine affine Abbildung (siehe (4.12)) erhält gerade dann die ausgezeichnete nullteilige Quadrik in der Fernhyperebene, wenn die untere rechte $d \times d$ Teilmatrix der Abbildungsmatrix der Gleichung

$$\begin{pmatrix} a_{1,1} & \cdots & a_{1,d} \\ \vdots & \ddots & \vdots \\ a_{d,1} & \cdots & a_{d,d} \end{pmatrix}^{-T} I \begin{pmatrix} a_{1,1} & \cdots & a_{1,d} \\ \vdots & \ddots & \vdots \\ a_{d,1} & \cdots & a_{d,d} \end{pmatrix}^{-1} = \lambda I \tag{4.14}$$

mit einem Faktor $\lambda \neq 0$ genügt, da sich die Gleichung einer Quadrik bei einer projektiven Abbildung gemäß (4.11) transformiert und die absolute Quadrik in der Fernebene durch die Einheitsmatrix beschrieben wird. Der Faktor λ ist dann offenbar gleich dem Kehrwert des Quadrats der Determinante der Abbildungsmatrix. Diese Bedingung ist äquivalent zur Charakterisierung der euklidischen Ähnlichkeiten in Abschn. 1.5, Gleichung (1.30). □

Die Gruppe der Bewegungen lässt sich nicht allein durch Absolutfiguren charakterisieren. Bei dieser Gruppe ist zusätzlich zu fordern, dass die Länge einer beliebig gewählten Einheitsstrecke (eine Art Urmeter[6]) unverändert bleibt.

Neben dem Teilverhältnis, welches bereits durch affine Abbildungen erhalten bleibt, ist der Winkel zwischen zwei Geraden eine Invariante der Ähnlichkeitstransformationen. Diese Invariante lässt sich wieder durch Doppelverhältnisse und Schnitte mit der Absolutfigur gewinnen.

Satz (Laguerre[7]) *Seien $\tilde{\mathbf{F}}$, $\tilde{\mathbf{G}}$ zwei Geraden und ε die von ihnen aufgespannte zweidimensionale Ebene. Seien weiterhin $\tilde{\mathbf{J}}$, $\tilde{\mathbf{K}}$ diejenigen Geraden, die den Schnittpunkt beider Geraden mit den Schnittpunkten der Ebene ε mit dem absoluten Kegelschnitt verbinden.*

[6] Das metrische Längenmaß wurde 1793 durch den französischen Nationalkonvent gesetzlich eingeführt und als zehnmillionster Teil der Entfernung vom Nordpol zum Äquator festgelegt. Sechs Jahre später wurde ein Platin-Exemplar dieses Maßstabs angefertigt, welches bis heute in Paris aufbewahrt wird.

[7] Der französische Mathematiker Edmond Laguerre (1834–1886) war einer der Wegbereiter der modernen Geometrie.

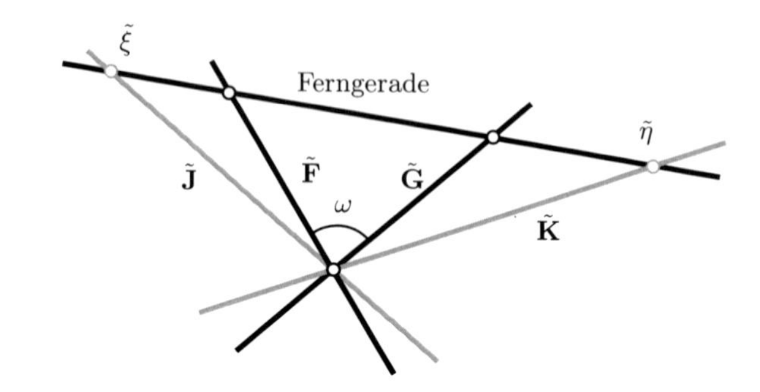

Abb. 4.9 Schnittwinkel zweier Geraden nach Laguerre

Dann gilt für den Schnittwinkel

$$\omega = \left| \frac{i}{2} \ln \mathrm{DV}(\tilde{\mathbf{J}}, \tilde{\mathbf{K}}, \tilde{\mathbf{F}}, \tilde{\mathbf{G}}) \right|. \tag{4.15}$$

Dabei ist das Doppelverhältnis von vier Geraden analog zum Doppelverhältnis von vier Punkten definiert. Schneidet man die vier Geraden mit einer Hyperebene, so erhält man vier Punkte, deren Doppelverhältnis mit dem der vier Geraden übereinstimmt.

Für $d = 2$ ist diese Situation in Abb. 4.9 dargestellt. Wir führen den Beweis dieser Aussage nur für $d = 2$.

Beweis O. B. d. A.[8] betrachten wir zwei Geraden durch den Grundpunkt $(1, 0, 0)^T$ und erhalten

$$\tilde{\mathbf{F}} = (0, \cos\phi, \sin\phi),\ \tilde{\mathbf{G}} = (0, \cos\psi, \sin\psi),\ \tilde{\mathbf{J}} = (0, 1, -i),\ \tilde{\mathbf{K}} = (0, 1, i). \tag{4.16}$$

Die Winkel ϕ und ψ seien so gewählt, dass die Differenz (also der Schnittwinkel) $|\psi - \phi|$ im Intervall $(-\pi/2, +\pi/2]$ liegt. Dann gelten

$$\tilde{\mathbf{F}} = \frac{1}{2}(e^{i\phi}\tilde{\mathbf{J}} + e^{-i\phi}\tilde{\mathbf{K}}) \quad \text{und} \quad \tilde{\mathbf{G}} = \frac{1}{2}(e^{i\psi}\tilde{\mathbf{J}} + e^{-i\psi}\tilde{\mathbf{K}}) \tag{4.17}$$

und weiter

$$\mathrm{DV}(\tilde{\mathbf{J}}, \tilde{\mathbf{K}}, \tilde{\mathbf{F}}, \tilde{\mathbf{G}}) = e^{2i\psi - 2i\phi}. \tag{4.18}$$

Daraus folgt für den durch das Doppelverhältnis (4.15) definierten Winkel $\omega = |\psi - \phi|$. □

Aus dieser Kennzeichnung des Winkels als spezielles Doppelverhältnis folgt unmittelbar, dass diese Größe bei allen projektiven Transformationen, die die Absolutfigur der

[8] Ohne Beschränkung der Allgemeinheit.

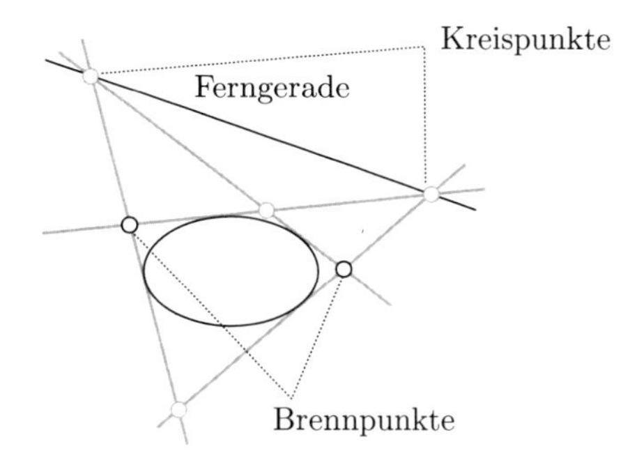

Abb. 4.10 Brennpunkte eines Kegelschnittes (schematisch); nur zwei der vier auftretenden Schnittpunkte sind reell

euklidischen Geometrie invariant lassen, unverändert bleibt. Weitere euklidische Eigenschaften lassen sich mit Hilfe der absoluten Kreispunkte und der Ferngeraden definieren:

- Zwei Geraden $\tilde{\mathbf{F}}$ und $\tilde{\mathbf{G}}$ in der Ebene sind genau dann orthogonal zueinander, wenn sich die vier Geraden $\tilde{\mathbf{F}}, \tilde{\mathbf{G}}, \tilde{\mathbf{J}}, \tilde{\mathbf{K}}$ in *harmonischer Lage* befinden (vgl. Aufgabe 9), also das Doppelverhältnis -1, $\frac{1}{2}$ oder 2 besitzen.
- Die beiden *Brennpunkte* eines Kegelschnittes erhält man als Schnittpunkte der beiden Tangentenpaare, die sich von den beiden absoluten Kreispunkten aus an den Kegelschnitt legen lassen. Von den vier auftretenden Schnittpunkten sind zwei konjugiert-komplex, die anderen beiden reell. Bei letzteren handelt es sich um die beiden Brennpunkte, siehe Abb. 4.10. *Die Brennpunkte eines Kegelschnittes gehören damit zur euklidischen Geometrie.* Parabeln bilden erneut einen Sonderfall. Für diese lassen sich eine Brenngerade und ein Brennpunkt definieren.

4.6 Nichteuklidische Geometrie

Durch Auszeichnung anderer Absolutfiguren lassen sich weitere Transformationsgruppen und die zugehörigen Geometrien (als Invarianten geometrischer Objekte bei der entsprechenden Transformationsgruppe im Sinne des Erlanger Programms, siehe Fußnote 6, Einleitung) definieren. Diejenigen Geometrien, welche nicht die euklidische Geometrie verallgemeinern, wie das bei der affinen und der projektiven Geometrie der Fall ist, werden als nichteuklidisch bezeichnet. Wir beschreiben kurz einige davon. Abbildung 4.11 visualisiert die Beziehungen zwischen diesen und den in diesem Buch bereits vorgestellten Geometrien.

- Die *pseudo-euklidische Geometrie* (manchmal auch als Minkowski-Geometrie bezeichnet) erhält man durch eine Einschränkung der Gruppe der affinen Abbildungen. Die Absolutfigur ist eine reelle Quadrik vom Typ $(d-1,1,0)$ der Dimension $d-1$ in der Fernhyperebene. Im dreidimensionalen Fall etwa handelt es sich um einen reellen regulären Kegelschnitt in der Fernebene. Bei dieser Geometrie werden die absoluten Kreis-

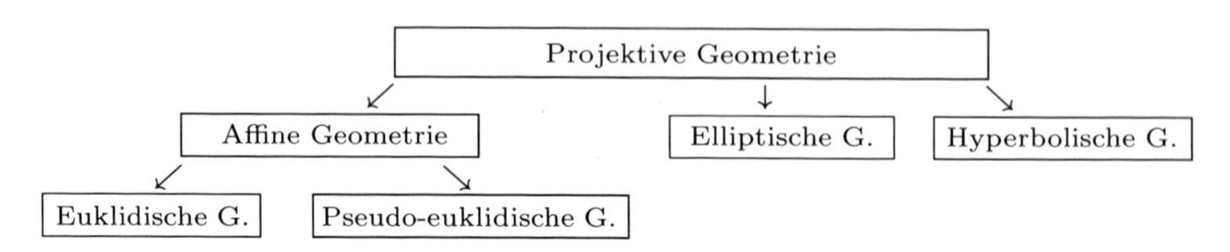

Abb. 4.11 Beziehungen zwischen ausgewählten Cayley-Klein-Geometrien. Die *Pfeile* zeigen an, dass die Transformationsgruppe der einen Geometrie eine Untergruppe der anderen Geometrie ist. Die umgekehrte Beziehung gilt dann für die Invarianten

und Kugelpunkte reell und damit der Anschauung zugänglich. Diese Geometrie besitzt besondere Bedeutung im Zusammenhang mit der speziellen Relativitätstheorie in der Physik, da sie als ein Modell der vierdimensionalen Raum-Zeit dienen kann. Die Transformationen in dieser Geometrie beschreiben gerade den Wechsel des Bezugssystems in der Raum-Zeit. Die Abbildungsgruppe dieser Geometrie wurde bereits in der Bemerkung am Ende des Abschn. 2.1 in Kap. 2 beschrieben.

- Die *elliptische Geometrie* entsteht durch eine Einschränkung der Gruppe der projektiven Abbildungen. Die Absolutfigur ist eine nullteilige reguläre Quadrik (d. h. eine Quadrik vom Typ $(d+1,0,0)$). Die Matrix dieser Quadrik kann o. B. d. A. als Einheitsmatrix gewählt werden. Diejenigen projektiven Transformationen, welche diese Quadrik erhalten, werden als elliptische Bewegungen bezeichnet. Diese Transformationsgruppe wird von den orthogonalen Matrizen der Dimension $(d+1)\times(d+1)$ und deren reellen Vielfachen gebildet. Ein Modell der elliptischen Geometrie erhält man dadurch, dass man die Paare gegenüberliegender Punkte der Einheitskugel zu jeweils einem Punkt zusammenfasst. Diese Geometrie wird im Folgenden noch genauer untersucht.
- Die *hyperbolische Geometrie* entsteht ebenfalls durch eine Einschränkung der Gruppe der projektiven Abbildungen. Die Absolutfigur ist eine reelle reguläre Quadrik vom Typ $(d,1,0)$. Diejenigen projektiven Transformationen, welche diese Quadrik erhalten, werden als hyperbolische Bewegungen bezeichnet. Für die hyperbolische Geometrie existieren verschiedene Modelle, beispielsweise das Cayley-Klein-Modell.

Die ebene euklidische Geometrie wurde bereits in der Antike von Euklid axiomatisch begründet und bildet das erste Beispiel für die Verwendung der axiomatischen Methode in der Mathematik. Grundelemente der euklidischen Geometrie sind Punkte und Geraden, welche Punkte verbinden. Geraden wiederum schneiden sich in Punkten. Aus diesen Grundelementen entsteht eine geometrische Theorie, in der beispielsweise Dreiecke, n-Ecke, Winkel und Kreise enthalten sind.

Die Theorie wurde dabei auf fünf Postulaten bzw. Axiomen aufgebaut. Das fünfte Postulat, das sog. Parallelenaxiom, ist deutlich komplizierter und schwieriger als die anderen. Daher wurde seit der Antike immer wieder erfolglos versucht, das Parallelenaxiom aus den übrigen Axiomen herzuleiten. Erst im 19. Jahrhundert entdeckten mehrere Mathematiker

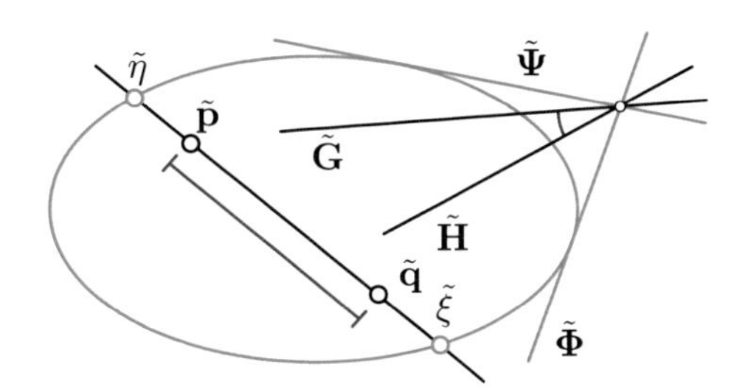

Abb. 4.12 Definition von Längen und Winkeln in der elliptischen Geometrie

unabhängig voneinander die nichteuklidische Geometrie, in der das Parallelenaxiom nicht gilt.

Im Folgenden betrachten wir die elliptische Geometrie als ein Beispiel für eine nichteuklidische Geometrie. Die Absolutfigur ist die nullteilige Quadrik

$$\tilde{x}_0^2 + \ldots + \tilde{x}_d^2 = 0. \tag{4.19}$$

Die Transformationsgruppe der elliptischen Geometrie wird durch Vielfache von orthogonalen Matrizen der Dimension $(d+1) \times (d+1)$ gebildet.

Als Modell für die elliptische Geometrie lässt sich die Einheitssphäre im $\mathbb{R}^{d+1}$ mit identifizierten Gegenpunkten („Antipoden") verwenden. Die elliptischen Bewegungen sind gerade die Drehungen des $\mathbb{R}^{d+1}$ um den Koordinatenursprung. Diese Drehungen überführen die Einheitskugel in sich. In diesem Modell entsprechen den Geraden die Großkreise, d. h. die Schnitte der Kugel mit zweidimensionalen Unterräumen des $\mathbb{R}^{d+1}$. Wir bezeichnen dieses Modell als das *Kugelmodell*.

Jede Gerade durch zwei Punkte $\tilde{\mathbf{p}}, \tilde{\mathbf{q}}$ schneidet die Absolutquadrik in zwei Punkten $\tilde{\xi}, \tilde{\eta}$ (siehe Abb. 4.12). Der Abstand der beiden Punkte $\tilde{\mathbf{p}}$ und $\tilde{\mathbf{q}}$ ist das Doppelverhältnis

$$\operatorname{dist}(\tilde{\mathbf{p}}, \tilde{\mathbf{q}}) = \left| \frac{i}{2} \ln DV(\tilde{\mathbf{p}}, \tilde{\mathbf{q}}, \tilde{\xi}, \tilde{\eta}) \right|. \tag{4.20}$$

O. B. d. A. sei vorausgesetzt, dass die homogenen Koordinatenvektoren als Vektoren im $\mathbb{R}^{d+1}$ normiert sind, also $\|\tilde{\mathbf{p}}\| = \|\tilde{\mathbf{q}}\| = 1$ gilt, sowie dass $\tilde{\mathbf{p}}^T \tilde{\mathbf{q}} \geq 0$ gilt. Die Schnittpunkte $\tilde{\xi}, \tilde{\eta}$ mit der Absolutquadrik besitzen die Form $\tilde{\mathbf{x}} + \lambda \tilde{\mathbf{y}}$, wobei λ eine Nullstelle der Gleichung

$$\|\tilde{\mathbf{p}} + \lambda \tilde{\mathbf{q}}\|^2 = 1 + 2\lambda \tilde{\mathbf{p}}^T \tilde{\mathbf{q}} + \lambda^2 = 0 \tag{4.21}$$

ist. Es gilt

$$\lambda_{1/2} = -\tilde{\mathbf{p}}^T \tilde{\mathbf{q}} \pm i\sqrt{1 - (\tilde{\mathbf{p}}^T \tilde{\mathbf{q}})^2} = -\cos\phi \pm i \sin\phi = e^{\pm i\phi}, \tag{4.22}$$

wobei ϕ der Winkel zwischen $\tilde{\mathbf{p}}$ und $\tilde{\mathbf{q}}$ im $\mathbb{R}^{d+1}$ ist. Für das Doppelverhältnis folgt

$$\ln \mathrm{DV}(\tilde{\mathbf{p}}, \tilde{\mathbf{q}}, \tilde{\xi}, \tilde{\eta}) = \pm 2\phi i. \tag{4.23}$$

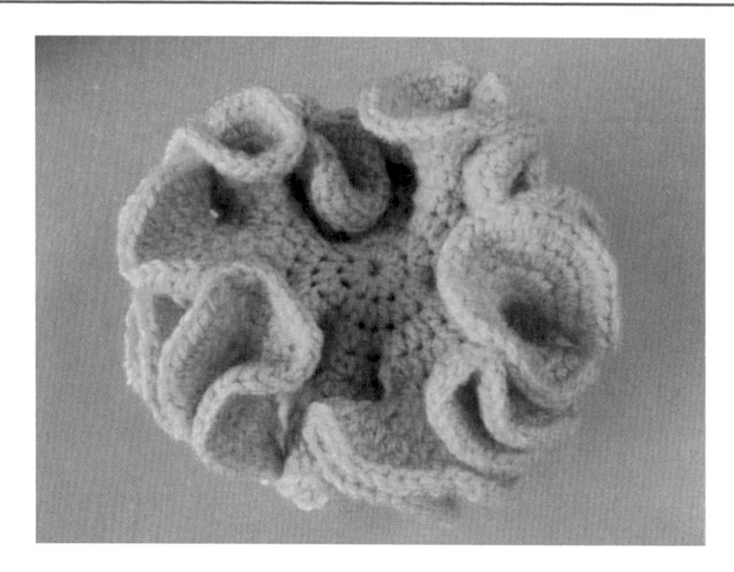

Abb. 4.13 Ein anschauliches Modell der hyperbolischen Ebene nach Henderson und Taimina [8]. Das hier gezeigte Modell wurde freundlicherweise von Frau M. Bayer zur Verfügung gestellt

Der durch (4.20) definierte Abstand stimmt also mit dem sphärischen Abstand der beiden Punkte im Kugelmodell (d. h. auf der d-dimensionalen Einheitssphäre) überein. Insbesondere folgt, dass je zwei Punkte höchstens den Abstand $\frac{\pi}{2}$ voneinander besitzen.

Analog zum euklidischen Fall lässt sich ein Winkel zwischen zwei sich schneidenden Geraden definieren. Dazu betrachtet man die zweidimensionale Ebene ε, die von den beiden Geraden aufgespannt wird, und schneidet die Absolutquadrik mit dieser Ebene. Der Winkel wird mit Hilfe eines Doppelverhältnisses definiert, in dem neben den beiden Geraden auch die Tangenten an den absoluten Kegelschnitt (d. h. den Schnitt der Absolutquadrik mit der Ebene ε) durch den Geradenschnittpunkt vorkommen. Es stellt sich heraus, dass der Winkel in der elliptischen Geometrie mit dem Schnittwinkel der Großkreise im Kugelmodell übereinstimmt.

In der elliptischen Geometrie gibt es zu einer gegebenen Geraden keine Parallele durch einen weiteren Punkt, das euklidische Parallelenaxiom ist nicht erfüllt. Zahlreiche Sätze der euklidischen Geometrie lassen sich verallgemeinern, etwa die Tatsache, dass sich die Streckensymmetralen eines Dreiecks im Mittelpunkt des Umkreises schneiden. Andere Sätze dagegen gelten nicht. So beträgt beispielsweise die Innenwinkelsumme eines Dreiecks stets mehr als π und ist nicht für alle Dreiecke gleich!

Dagegen beträgt die Innenwinkelsumme eines Dreiecks in der hyperbolischen Geometrie stets weniger als π. Anders als im elliptischen Fall existieren hier Fernpunkte, und der Abstand zweier Punkte kann beliebig große Werte annehmen. Neben den bereits erwähnten mathematischen Modellen dieser Geometrie existieren auch verschiedene Visualisierungen. Ein besonders anschauliches Modell der hyperbolischen Ebene wird in Abb. 4.13 gezeigt.

4.7 Aufgaben

1. Zeigen Sie, dass die Eigenvektoren der Abbildungsmatrix A gerade den Fixpunkten der projektiven Abbildung (4.1) entsprechen. Wann bleibt eine ganze Gerade punktweise fest, d. h., wann ist jeder Punkt einer Geraden ein Fixpunkt?
2. Für eine reguläre projektive Abbildung beschreibt die Matrix A^{-T} die Transformation der Hyperebenen. Zeigen Sie, dass die Eigenvektoren dieser Matrix den invarianten Hyperebenen entsprechen. Diese sind in der Regel nicht punktweise fix, sondern jeder Punkt einer invarianten Hyperebene wird in einen anderen Punkt derselben Hyperebene abgebildet.
3. Betrachten Sie die Menge aller regulären projektiven Abbildungen, die eine feste Menge von Fixpunkten besitzen, und zeigen Sie, dass diese eine Untergruppe der Gruppe aller regulären projektiven Abbildungen bilden.
4. Erweitern Sie das Resultat von Aufgabe 3 auf Mengen projektiver Abbildungen, die zusätzlich eine feste Menge invarianter Hyperebenen besitzen.
5. Eine reguläre projektive Abbildung, die alle Punkte einer Hyperbene $\tilde{\mathbf{A}}$ als Fixpunkte besitzt und die zusätzlich alle Hyperebenen durch einen festen Punkt $\tilde{\mathbf{z}}$ invariant lässt, wird als perspektive Kollineation mit dem Zentrum $\tilde{\mathbf{z}}$ und der Achse $\tilde{\mathbf{A}}$ bezeichnet. Zeigen Sie, dass die perspektiven Kollineationen mit gemeinsamer Achse und gemeinsamem Zentrum eine einparametrische Untergruppe der Gruppe aller regulären projektiven Abbildungen bilden.
6. Im zweidimensionalen Fall ($d = 2$) betrachten wir eine projektive Abbildung $\tilde{\pi}$, die die Grundpunkte des projektiven Koordinatensystems in die drei Eckpunkte eines Dreiecks sowie den Einheitspunkt in dessen Schwerpunkt abbildet. Zeigen Sie, dass das Bild eines Punktes $\tilde{\mathbf{p}}$ dann die baryzentrischen Koordinaten

$$\xi_i = \frac{\tilde{p}_i}{\sum_{j=0}^{d} \tilde{p}_j}$$

   besitzt. Folglich lassen sich baryzentrische Koordinaten als spezielle projektive Koordinaten auffassen, falls das projektive Koordinatensystem so gewählt wird, dass der Einheitspunkt der Schwerpunkt der Grundpunkte ist und die Summe der Koordinaten zu Eins normiert wird.
7. Geben Sie die Gleichung der Ferngerade in den speziellen projektiven Koordinaten von Aufgabe 6 an.
8. Durch Vertauschung der Reihenfolge der vier kollinearen Punkte erhält man verschiedene Werte des Doppelverhältnisses. Ermitteln Sie die dabei entstehenden Werte.
9. Falls vier kollineare Punkte das Doppelverhältnis -1 besitzen, so sind sie in *harmonischer Lage*. Von den sechs möglichen Werten des Doppelverhältnisses, die durch Vertauschung von Punkten entstehen können, fallen dann jeweils zwei Werte zusammen und betragen -1, $\frac{1}{2}$ sowie 2. Zeigen Sie, dass sich die vier Punkte $\tilde{\mathbf{p}}$, $\tilde{\mathbf{q}}$, $\tilde{\mathbf{r}}$, $\tilde{\mathbf{s}}$ in der in Abb. 4.14 angegebenen Geradenkonfiguration in harmonischer Lage befinden. Diese Geradenkonfiguration wird als „vollständiges Vierseit" bezeichnet. Welche Konfiguration entsteht, wenn die beiden Punkte $\tilde{\mathbf{s}}$ und $\tilde{\mathbf{f}}$ Fernpunkte sind?
10. Beweisen Sie die Aussage des Lemmas über die Konstruktion des Farin-Punktes $\tilde{\mathbf{f}}_i^\ell$ als Schnitt der Verbindungsgeraden der Farin-Punkte $\tilde{\mathbf{f}}_i^{\ell-1}$ und $\tilde{\mathbf{f}}_{i+1}^{\ell-1}$ mit der Verbindungsgeraden der Kontrollpunkte $\tilde{\mathbf{b}}_i^\ell$ und $\tilde{\mathbf{b}}_{i+1}^\ell$.
11. Geben Sie eine projektive Abbildung der Ebene an, die die drei Punkte $(1, -1, 0)$, $(1, 1, 0)$ und $(1, 0, -1)$ als Fixpunkte besitzt sowie den Fernpunkt $(0, 0, 1)$ in den Punkt $(1, 0, 1)$ abbildet und zeigen Sie, dass das Bild der Parabel $\tilde{\mathbf{p}}(t) = (1, t, t^2 - 1)$ bei dieser Abbildung eine Parametrisierung des Einheitskreises als rationale Kurve ist. Stellen Sie die sich ergebende rationale Kurve für den Parameterbereich $t \in [-1, 1]$ als rationale Bézier-Kurve vom Grad 2 und 3 dar und ermitteln Sie die Kontrollpunkte sowie die Farin-Punkte.

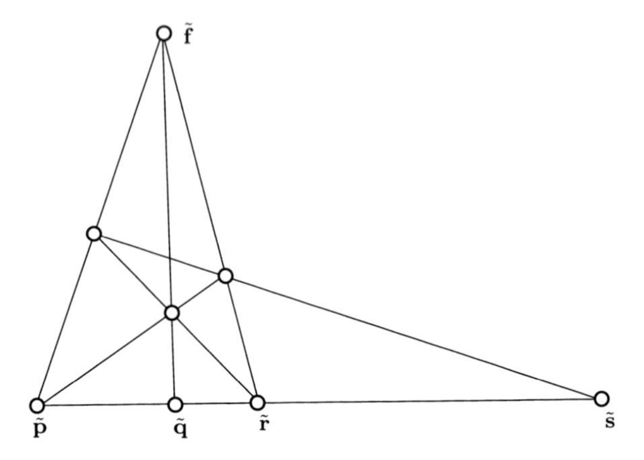

Abb. 4.14 Ein vollständiges Vierseit

12. Nach einem Satz von Cauchy[9] gilt für die Eigenwerte β_j derjenigen Matrix, die durch das Streichen der i-ten Zeile und der i-ten Spalte einer symmetrischen Matrix entsteht, die Ungleichung $\alpha_j \leq \beta_j \leq \alpha_{j+1}$, wobei die ursprüngliche Matrix die Eigenwerte α_j besitzt und die Eigenwerte jeweils der Größe nach geordnet sind. Zeigen Sie mit Hilfe dieses Satzes, dass der Schnitt einer ovalen Quadrik bzw. Ringquadrik für $d = 3$ mit der Tangentialebene jeweils ein konjugiert-komplexes Geradenpaar bzw. ein reelles Geradenpaar ist.
13. Überzeugen Sie sich davon, dass Sie für die Ermittlung des projektiven Typs einer Quadrik nur die Vorzeichen der Eigenwerte der Matrix Q kennen müssen.
14. Nennen Sie die projektive und die affine Klassifizierung der Quadrik

$$0 = \tilde{x}_0\tilde{x}_3 - \tilde{x}_1\tilde{x}_2.$$

15. Beweisen Sie den Satz von Pascal.
16. Beweisen Sie den Satz von Steiner.
17. Zu einem gegebenen Faktor $\mu \neq 0$ werden die Kontrollpunkte einer rationalen Bézier-Kurve gemäß der Vorschrift

$$\tilde{\mathbf{b}}_i^* = \mu^i \tilde{\mathbf{b}}_i \quad (i = 0, \ldots, g)$$

transformiert. Zeigen Sie, dass sich dabei die Gestalt der Kurve nicht ändert und dass die Doppelverhältnisse

$$\mathrm{DV}(\tilde{\mathbf{b}}_i, \tilde{\mathbf{b}}_{i+1}, \tilde{\mathbf{f}}_i, \tilde{\mathbf{f}}_i^*) \quad (i = 0, \ldots, g-1),$$

wobei die Punkte $\tilde{\mathbf{f}}_i^* = \tilde{\mathbf{b}}_i^* + \tilde{\mathbf{b}}_{i+1}^*$ die Farin-Punkte nach der Transformation sind, sämtlich denselben Wert besitzen. Durch diese Transformation kann man erreichen, dass die Gewichte des ersten und des letzten Kontrollpunktes denselben Betrag besitzen. Diese Darstellung wird als *Standardform* einer rationalen Bézier-Kurve bezeichnet.

[9] Der französische Mathematiker Augustin-Louis Cauchy (1789–1857) gilt als einer der Mitbegründer der modernen Analysis. Der hier zitierte Satz wird in der englischsprachigen Literatur als „Cauchy's interlace theorem" bezeichnet.

Weiterführendes und Anhänge 5

5.1 Weiterführendes

Zahlreiche Themen konnten in diesem kompakten Lehrbuch nur kurz angerissen werden. Zum Abschluss stellen wir hier einige Hinweise auf weiterführende Bücher (vor allem Lehrbücher) zusammen, insbesondere im Hinblick auf die verschiedenen Anwendungsgebiete der Geometrie.

Ein nach wie vor sehr lesenswertes Buch über nichteuklidische Geometrie stammt von Felix Klein [10] und wurde vor kurzem durch die American Mathematical Society neu aufgelegt. Eine ausführliche Darstellung des Konzepts der Cayley-Klein-Geometrien und der verschiedenen geometrischen Resultate findet man bei Oswald Giering [7].

Zur euklidischen Differentialgeometrie von Kurven und Flächen im zwei- und dreidimensionalen Raum gibt es eine Reihe exzellenter Bücher. Wir nennen hier das Buch von Erwin Kreyszig [11], von dem es auch eine ältere deutsche Ausgabe gibt, sowie die neueren Bücher von Manfredo do Carmo [5] und Wolfgang Kühnel [12].

Eine grundlegende Einführung in das Gebiet des Computer Aided Geometric Design bieten die Lehrbücher von Josef Hoschek und Dieter Lasser [9] und Gerald Farin [6]. Beide sind auch in englischer Sprache erschienen. Das neuere Buch von Prautzsch/Boehm/Paluszny [14] bietet eine detaillierte Einführung in die Theorie und die Algorithmen der Bézier- und B-Spline-Darstellung von Kurven und Flächen unter Verwendung des Blossoms.

Das sehr gute und umfangreiche Lehrbuch zum Thema der algorithmischen Geometrie (Computational Geometry) von de Berg/Cheong/van Kreveld/Overmars [3] erschien 2008 bereits in der dritten Auflage in englischer Sprache. Für den einfachen Einstieg in dieses Gebiet empfiehlt sich auch das 2011 erschienene Buch von Satyon Devados und Joseph O'Rourke [4].

Eine Vertiefung in den Bereich der diskreten Geometrie bietet Brass/Moser/Pach [1]. Darin werden zahlreiche aktuelle Gebiete und offene Fragen sehr ausführlich und tiefgehend behandelt. Zum Thema Algorithmen sehr empfehlenswert ist das Standardwerk von

O. Aichholzer, B. Jüttler, *Einführung in die angewandte Geometrie*, Mathematik Kompakt, DOI 10.1007/978-3-0346-0651-6_5, © Springer Basel 2014

Cormen/Leiserson/Rivest/Stein [2], welches ebenfalls bereits in der dritten Auflage erschienen ist.

Die interessante und reichhaltige Geometrie der Geraden des dreidimensionalen Raumes konnte im Rahmen dieses Buches nicht behandelt werden. Eine ausführliche Darstellung dieses Gebietes bietet das Buch von Helmut Pottmann und Johannes Wallner [13].

5.2 Anhang A: Hinweise zu den Aufgaben

Kapitel 1

6. Betrachten Sie die beiden Möglichkeiten, in denen vier Punkte liegen können, und die Art, wie von diesen Punkten zwei Strecken aufgespannt werden. Dies ergibt insgesamt drei verschiedene Fälle. Beachten Sie dann, dass die Funktion cc() für Punkte auf verschiedenen Seiten einer durch zwei Punkte definierten Geraden unterschiedliche Vorzeichen ergibt.

Kapitel 2

1. Für zwei sich schneidende Spiegelachsen erhält man eine Drehung um den Geradenschnittpunkt, andernfalls eine Verschiebung.
2. Der Orbit eines Punktes entsteht, indem man alle Ähnlichkeiten der Untergruppe auf einen beliebigen Punkt anwendet. Man erhält logarithmische Spiralen.
3. Betrachten Sie Umwendungen bezüglich von Achsen, die in der x_1x_2-Ebene liegen. Derartige Umwendungen werden durch Matrizen der Form

   $$\begin{pmatrix} \cos\phi & \sin\phi & 0 \\ \sin\phi & -\cos\phi & 0 \\ 0 & 0 & -1 \end{pmatrix}$$

   beschrieben.
4. Eine Drehung mit den Kantenmittelpunkten als Drehzentrum und Drehwinkel π transformiert die Endpunkte der Kante ineinander. Zur Konstruktion der Eckpunkte des Dreiecks betrachtet man die Zusammensetzung von derartigen Drehungen und analysiert deren Fixpunkte.
5. Der gesuchte Punkt $\mathbf{q}$ ergibt sich als Schnitt der Winkelsymmetralen (Winkelhalbierenden) der Verbindungsgeraden $\tilde{\mathbf{V}}$ von $\mathbf{p}_0$ und $\mathbf{p}_1$ und der Tangente $\tilde{\mathbf{T}}$ im Punkt $\mathbf{p}_0$ mit dem Kreis, auf dem die möglichen Zwischenpunkte $\mathbf{q}$ liegen, siehe Abb. 5.1.
6. Betrachten Sie die Abwicklung des Kreiszylinders, auf dem die Schraublinie liegt, und verwenden Sie den Satz des Pythagoras.
8. Beachten Sie die Diskussion zur Mittelachse der Kombinationen Punkt-Punkt, Strecke-Strecke und Punkt-Strecke in Abschn. 2.3.

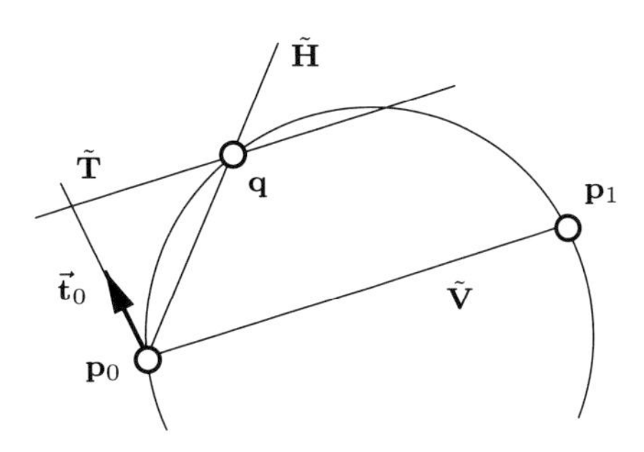

Abb. 5.1 Konstruktion eines Biarcs

9. Vermeiden Sie Punkt-Strecke-Paare, die zu einem Punkt der Mittelachse denselben minimalen Abstand besitzen.
10. Benutzen Sie die Identität $\log_B(x) = \frac{\log_{10}(x)}{\log_{10}(B)}$, die für beliebige Basen $B > 1$ gilt.
11. Konstruieren Sie zuerst eine konvexe Menge von $n-1$ Punkten, sodass alle Punkte von „oben" sichtbar sind. Der letzte Punkt wird dann oberhalb platziert.
12. Zeigen Sie zuerst, dass jede Kante des minimalen Spannbaumes der Durchmesser eines Kreises ist, der keine weiteren Punkte von **P** enthält.
13. Ein entsprechendes Beispiel lässt sich bereits mit vier Punkten in konvexer Lage konstruieren.

Kapitel 3

7. Die beiden Matrizen zur Transformation zwischen der Monom-Basis und der Bernstein-Basis besitzen Dreiecksstruktur. Alle anderen Matrizen sind voll besetzt.
8. Bei den Koeffizienten bezüglich der Basis der Monome unterscheidet sich nur der Koeffizient $\mathbf{c}_0$. Bei den anderen beiden Basen unterscheiden sich entsprechende Kontrollpunkte jeweils um den Vektor $(1,1)^T$.
9. Der Aufwand wächst quadratisch mit dem Polynomgrad g. Der Algorithmus verhält sich diesbezüglich schlechter als andere Verfahren zur Auswertung von Polynomen, wie beispielsweise das Horner-Schema[1]. Dafür ist der Algorithmus von de Casteljau allerdings numerisch stabil.
10. Jeder Schritt des Algorithmus zur Berechnung eines Kurvenpunktes verwendet eine Konvexkombination zweier zuvor berechneter Punkte, daher ist jeder neu berechnete Punkt in der konvexen Hülle des Kontrollpolygons enthalten. Dies gilt insbesondere auch für den Kurvenpunkt selbst.
11. Beachten Sie, dass für ein solches Beispiel die ersten $n-1$ Punkte in konvexer Lage liegen müssen.

[1] William George Horner (1786–1837) war ein englischer Mathematiker und beschrieb 1819 das nach ihm benannte Verfahren zur Auswertung von Polynomen.

12. Verwenden Sie die Abbildung $x_i \mapsto \mathbf{p}_i = (x_i, x_i^2)$, um skalare Zahlen auf Punkte abzubilden.
13. Nehmen Sie an, dass der Durchmesser durch Punkte im Inneren der Menge festgelegt wird, und leiten Sie einen Widerspruch her.
14. Überlegen Sie sich zuerst, dass zumindest eine der beiden Tangenten einer Kante am Rand der konvexen Hülle entspricht. Dadurch müssen nur linear viele Fälle betrachtet werden. Dies kann dann effizient erfolgen, wenn Sie beide Tangenten gleichzeitig um die Menge rotieren lassen.
15. Überlegen Sie sich zuerst ein analoges Beispiel in 2-D. Dabei sollten Sie erreichen, dass bei jedem Einfügen eines Punktes die Zeugeninformationen aller noch nicht eingefügten Punkte angepasst werden müssen und kein weiterer Punkt in das Innere der neuen konvexen Hülle fällt.

Kapitel 4

1. Eine Gerade bleibt punktweise fix, falls die Abbildungsmatrix einen zweidimensionalen Eigenraum besitzt.
5. Eine perspektive Kollineation $\tilde{\pi}$ zu gegebener Achse und Zentrum ist durch Vorgabe eines Paares $(\tilde{\mathbf{p}}, \tilde{\pi}(\tilde{\mathbf{p}}))$ aus einem Punkt und dessen Bildpunkt eindeutig festgelegt, wobei zusätzlich beide Punkte auf einer Geraden durch das Zentrum $\tilde{\mathbf{z}}$ liegen müssen.
7. Die Gleichung der Ferngeraden lautet $\tilde{\xi}_0 + \tilde{\xi}_1 + \tilde{\xi}_2 = 0$. Diese homogenen Koordinaten lassen sich nicht so normieren, dass ihre Summe den Wert Eins annimmt. Daher besitzen die entsprechenden Punkte keine baryzentrischen Koordinaten.
8. Falls das Doppelverhältnis den Wert λ besitzt, dann entstehen durch Permutationen der vier Punkte die Werte $1/\lambda$, $1-\lambda$, $\frac{1}{1-\lambda}$ $\frac{\lambda-1}{\lambda}$ und $\frac{\lambda}{\lambda-1}$.
9. Die Aussage lässt sich durch Wahl eines speziellen projektiven Koordinatensystems beweisen. Falls die beiden Punkte $\tilde{\mathbf{s}}$ und $\tilde{\mathbf{f}}$ Fernpunkte sind, dann entsteht ein Parallelogramm und der Punkt $\tilde{\mathbf{q}}$ ist der Mittelpunkt der Strecke von $\tilde{\mathbf{p}}$ nach $\tilde{\mathbf{r}}$.
11. Die gesuchte projektive Abbildung besitzt die Abbildungsmatrix

$$\begin{pmatrix} 2 & 0 & 1 \\ 0 & 2 & 0 \\ 0 & 0 & 1 \end{pmatrix}.$$

Die rationale Bézier-Kurve beschreibt den unteren Einheitshalbkreis. Bei der Darstellung als Kurve vom Grad 2 ist einer der Kontrollpunkte ein Fernpunkt, während bei der Darstellung als Kurve vom Grad 3 alle Kontrollpunkte eigentlich sind.
12. O. B. d. A. kann man den Punkt $(0,0,0,1)^T$ als Punkt der Quadrik annehmen und voraussetzen, dass die Tangentialebene der Quadrik in diesem Punkt die Gleichung $\tilde{x}_0 = 0$ besitzt. Für die symmetrische Matrix Q der Quadrik gilt dann $q_{1,3} = q_{2,3} = q_{3,3} = 0$. Der Schnitt der Quadrik mit der Tangentialebene liefert einen Kegelschnitt,

dessen Matrix Q' durch Streichen der nullten Zeile und Spalte der Matrix Q entsteht und somit singulär ist. Die weiteren Aussagen über den Typ der Quadrik folgen dann aus dem angegebenen Satz von Cauchy.

14. Es handelt sich um eine Ringquadrik und insbesondere um ein hyperbolisches Paraboloid. Diese Quadrik beschreibt den Graphen der Funktion $z = x \cdot y$.
15. Nach Wahl eines geeigneten projektiven Koordinatensystems lässt sich zeigen, dass die drei Geradenschnittpunkte genau dann kollinear sind, wenn die Koordinaten des sechsten der gegebenen Punkte einer quadratischen Gleichung genügen. Die Kollinearität der drei Geradenschnittpunkte lässt sich durch das Verschwinden der Determinante der Matrix, die von den drei homogenen Koordinatenvektoren der Schnittpunkte gebildet wird, charakterisieren.
17. Durch eine geeignete rationale Parametertransformation vom Grad $[1/1]$ lassen sich beide Kurven ineinander transformieren.

5.3 Anhang B: Notation

d	Dimension
g	Polynomgrad
$\mathbf{p} = (p_1, \dots, p_d)^T$	kartesische Koordinaten eines Punktes
$\tilde{\mathbf{p}} = (\tilde{p}_0, \dots, \tilde{p}_d)^T$	homogene Koordinaten eines Punktes
$\tilde{\mathbf{H}} = (\tilde{H}_0, \dots, \tilde{H}_d)$	homogene Koordinaten einer Hyperebene
$(\xi_0, \dots, \xi_d)$	baryzentrische Koordinaten eines Punktes
$\wedge$	Schnitt
$\vee$	Verbindung
TV	Teilverhältnis
DV	Doppelverhältnis
$\beta, \tilde{\beta}$	euklidische Ähnlichkeitstransformation
$\alpha, \tilde{\alpha}$	affine Abbildung
$\pi, \tilde{\pi}$	projektive Abbildung
β_i^g	i-tes Bernstein-Polynom vom Grad g
$\{x\}^w$	w-fache Wiederholung des Argumentes x einer Funktion, beispielsweise eines Blossoms
KH	konvexe Hülle
δ KH	Rand der konvexen Hülle
cc	Funktion zur Ermittlung der Orientierung eines Dreiecks
δ_j^i	Kronecker-Delta
$\widehat{\cdot}$	Auslassen eines Eintrags in einer Liste
$\mathcal{O}(\cdot)$	asymptotische Notation für obere Schranken
$\Omega(\cdot)$	asymptotische Notation für untere Schranken
$\Theta(\cdot)$	asymptotische Notation für übereinstimmende obere und untere Schranken

Literatur

1. P. Brass, W.O.J. Moser, and J. Pach. *Research Problems in Discrete Geometry*. Springer, New York, 2005.
2. T.H. Cormen, C.E. Leiserson, R.L. Rivest, and C. Stein. *Introduction to Algorithms (third edition)*. The MIT Press, Cambridge, 2009.
3. M. de Berg, O. Cheong, M. van Kreveld, and M. Overmars. *Computational Geometry. Algorithms and Applications (third edition)*. Springer, Berlin, 2008.
4. S.L. Devados and J. O'Rourke. *Discrete and Computational Geometry*. Princeton University Press, Princeton, 2011.
5. M. do Carmo. *Differentialgeometrie von Kurven und Flächen*. H. Deutsch, Frankfurt am Main, 1991.
6. G. Farin. *Kurven und Flächen im Computer Aided Geometric Design. Eine praktische Einführung*. Vieweg, Braunschweig, 1994.
7. O. Giering. *Vorlesungen über höhere Geometrie*. Vieweg, Braunschweig, 1982.
8. D.W. Henderson and D. Taimina. Crocheting the hyperbolic plane. *Mathematical Intelligencer*, 23:17–28, 2001.
9. J. Hoschek and D. Lasser. *Grundlagen der geometrischen Datenverarbeitung*. Teubner, Stuttgart, 1992.
10. Felix Klein. *Vorlesungen über nicht-euklidische Geometrie*. American Mathematical Society, 2000. reprint.
11. E. Kreyszig. *Differential Geometry*. Dover, New York, 1991.
12. W. Kühnel. *Differentialgeometrie. Kurven, Flächen, Mannigfaltigkeiten*. Springer Spektrum, Heidelberg, 2013.
13. H. Pottmann and J. Wallner. *Computational Line Geometry*. Springer, Heidelberg, 2001.
14. H. Prautzsch, W. Boehm, and M. Paluszny. *Bézier and B-spline techniques*. Springer, Berlin, 2002.

O. Aichholzer, B. Jüttler, *Einführung in die angewandte Geometrie*, Mathematik Kompakt,
DOI 10.1007/978-3-0346-0651-6, © Springer Basel 2014

Sachverzeichnis

Printed in the United States
By Bookmasters